山下一仁

日本が飢える！

世界食料危機の真実

GS
幻冬舎新書
660

はじめに

ロシアのウクライナ侵攻で、世界の小麦輸出の３割を占めるロシアとウクライナからの輸出が減少した。このため、小麦などの穀物価格が上昇し、日本に多大な影響を与えるという分析や報道がなされている。

たしかに、穀物価格は上昇する。しかし、中東やアフリカの所得の低い国は、これによって大きな影響を受けるが、日本にはそれほどの影響はないし、今後もないだろう。

２００８年、穀物価格が３倍程度高騰し、世界的な食料危機がＧ８の北海道洞爺湖サミットの主要議題となったときも、その影響を感じた日本の消費者はいなかったはずだ。

同じように、人口の増加によって国際市場で農産物や水産物の価格が上昇し、日本が買い負けるという主張もある。穀物などの国際価格が上昇すると、中国の爆買いだなどと食料危機を煽《あお》る人たちが必ず登場する。しかし、高級マグロで中国に買い負けることと、日本が穀物を買えなくなることは全くの別物である。

ウクライナ侵攻、世界の人口増加や中国の爆食などによって、国際的な食料品価格が上昇しても、我が国で食料危機が起こることはない。しかし、ほとんどの国民が餓死するかもしれないという、もっと恐ろしい危機が起きる可能性がある。それが、中国の台頭で高まっている。ロシアのウクライナ侵攻は、予見不能な事態を想定して、備えておく必要性を、我々に教えてくれた。

しかし、起こりうる食料危機に対して我々は何の備えもしていない。それどころか、農林水産省、ＪＡ農協、農林族議員からなる農政トライアングルは、危機が生じた場合に起こる被害をいっそう大きくさせている。そして、彼らは、その被害の程度を年々悪化・深刻化させている。

防衛省がいくら有事に備えていても、食料供給を中心とした兵站《へいたん》がしっかりしていないと継続して防衛の任に当たることはできない。これは、今回のウクライナ侵攻でロシア軍が示した脆弱《ぜいじゃく》性の一つである。

食料は国民生活に欠かせない物資であると同時に、農業には強力な利益団体が存在することから、我が国だけでなく他の国においても、政治や行政による介入が行われることが多い。世界の農産物市場は、自由な市場というよりは、各国の政策によってゆがめられた市場である。世界の食料や農産物の貿易について実態や実務を知っていても、各国の政策、その歴史や形成過程などについての知識がなければ、的確な分析や予測は困難である。何かの事情で、政府が市場や貿易に介入するからである。残念ながら、専門家といわれる人でもこれらを含めて、食料問題の全体像を理解している人は少ない。

それだけではない。

国民の知識が十分ではないことに付け込んで、意図的に行われる主張がある。典型が、食料自給率が低いから、あるいは、食料危機が起こるから、さらに関税や補助金などの農業保護を手厚くするべきだという主張である。これは、農林水産省やＪＡ農協などによって、さりげなく、巧妙に行われる。

どの国も主食である穀物を減産したりはしない。食料供給は、国家安全保障の要《かなめ》だからだ。食料を欠いては、戦はできない。戦前、農林省の減反案を葬ったのは、陸軍省だった。

しかし、１９７０年以降の日本は、世界の中の異常な例外である。農政トライアングルが主導した減反政策によって、食料増産を目的として終戦時の９００万トンから20年かけて１９６７年に１４００万トン超まで拡大した米生産は、逆に50年間で半減し、７００万トンを切ってしまった。餓死者が出た終戦時より、人口が１・７倍に増えているのに、米生産は４分の１も少ないのである。

中国もアメリカもインドも、１９６０年以降米の生産を３倍以上に増やしている。世界全体では３・５倍の増加である。日本のように、米の生産を減少させている国は極めてまれだ。しかも、米は日本人の主食である。

日本の財政支出は右肩上がりなのに、歳入がそれほど伸びないことから、財政赤字は毎年拡大し続ける。これをグラフにすると、ワニの口のように見える。右肩上がりの世界の農業生産と右肩下がりの日本の農業生産のグラフも、ワニの口である。農業についての世界と日本の関係は、ワニの口だらけである。

三大穀物といわれる米、小麦、トウモロコシについて世界と日本の生産量の推移を図で示そう。まず図１は、世界と日本の米の生産量である。

図２は、小麦の生産量である。

日本ではトウモロコシ生産はほとんどないが、図３で、米や小麦だけでなくトウモロコシでも、中国が生産を大幅に拡大していることがわかる。

中国や世界の農業グラフの特徴は右肩上がりなことである。

図４は、食料安全保障に不可欠な農地面積の推移である。農地は宅地への転用や耕作放棄で４３５万ha（ヘクタール）しか残されていない。日本の農業グラフの特徴は右肩下がりなことである。

図1　米生産量推移（1961年=100）

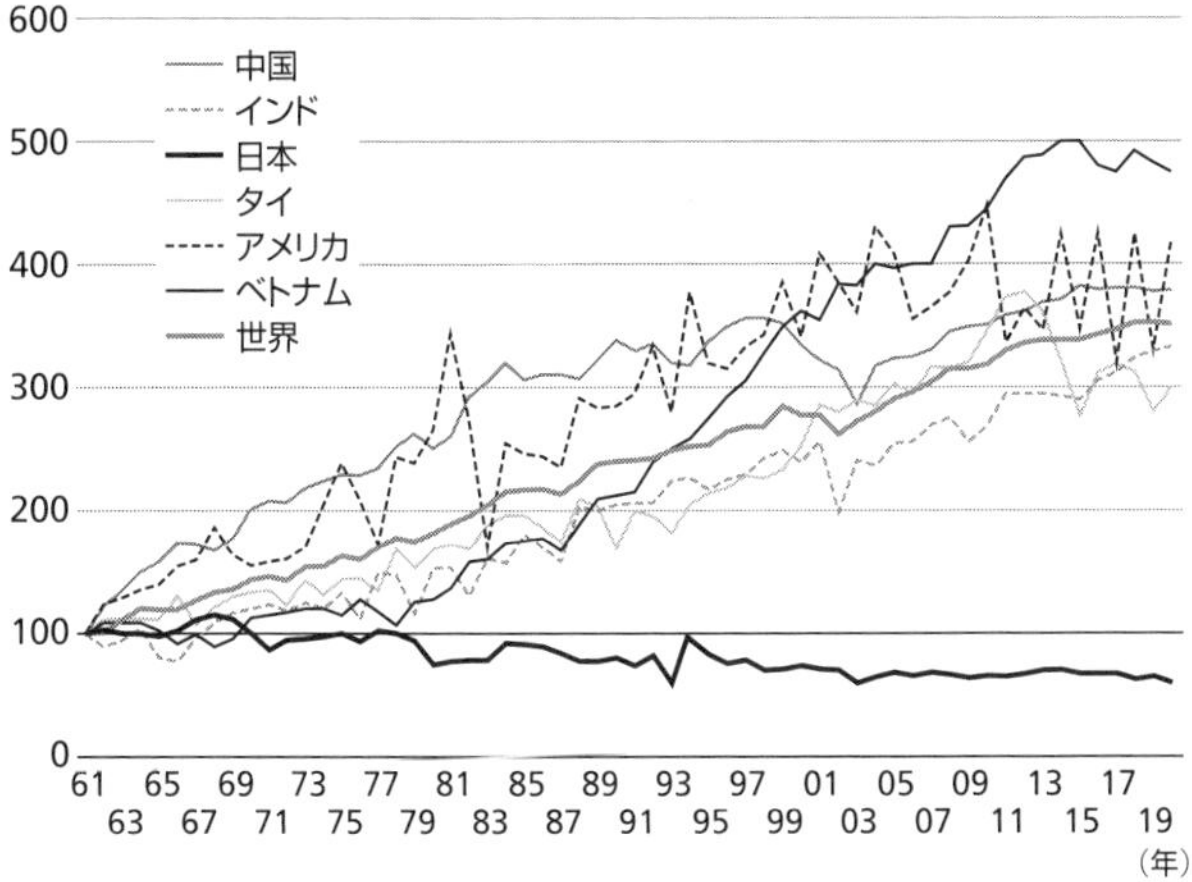

出所：FAOSTATより筆者作成

図2　小麦生産量推移（1961年=100）

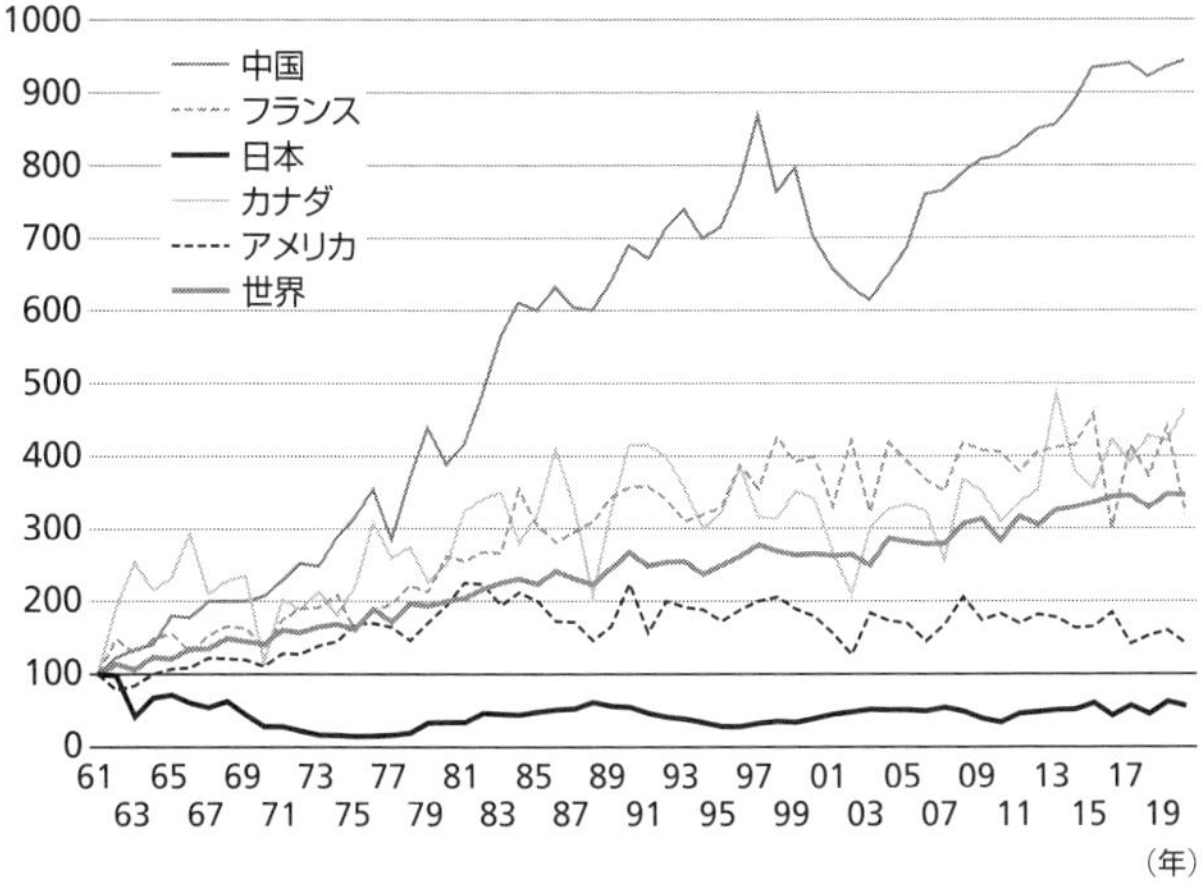

出所：FAOSTATより筆者作成

図3　トウモロコシ生産量推移（1961年=100）

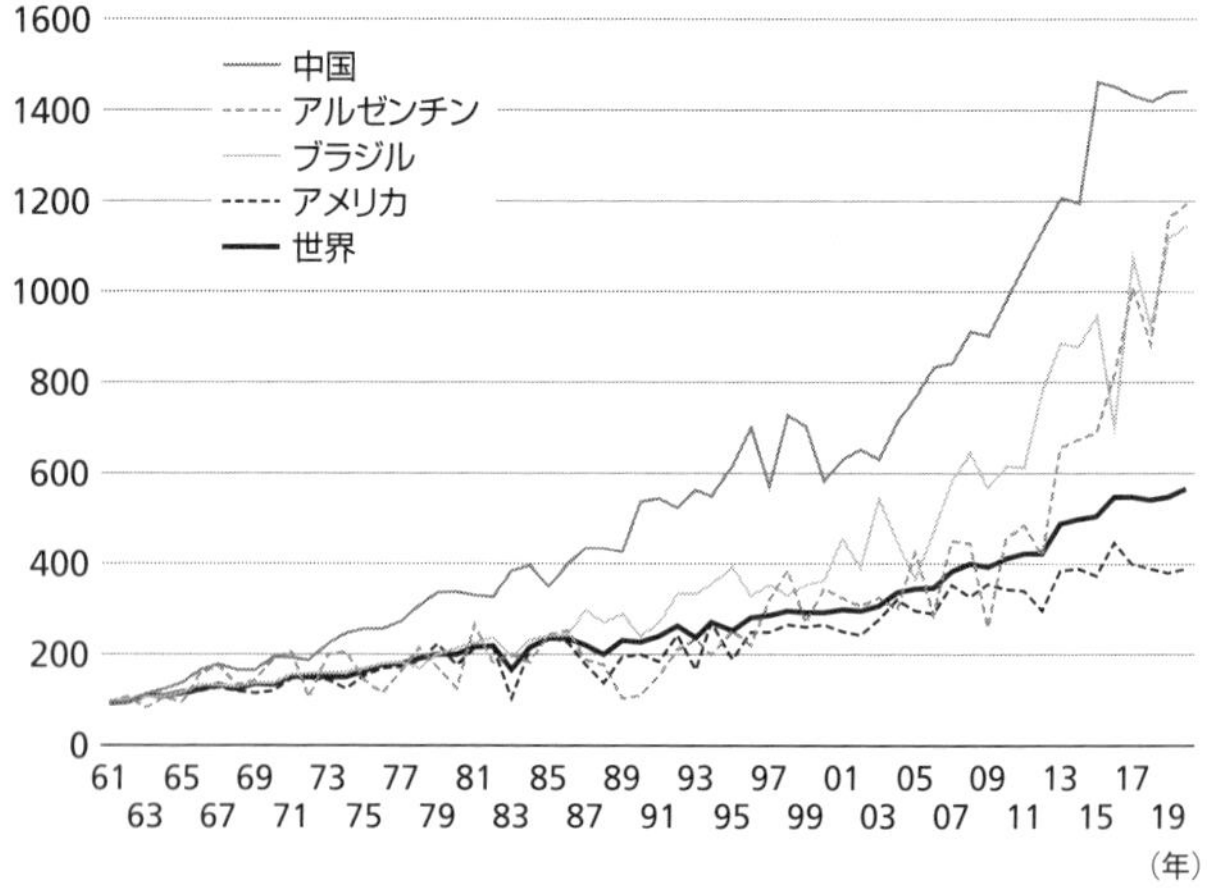

出所：FAOSTATより筆者作成

図4　日本の農地面積の推移

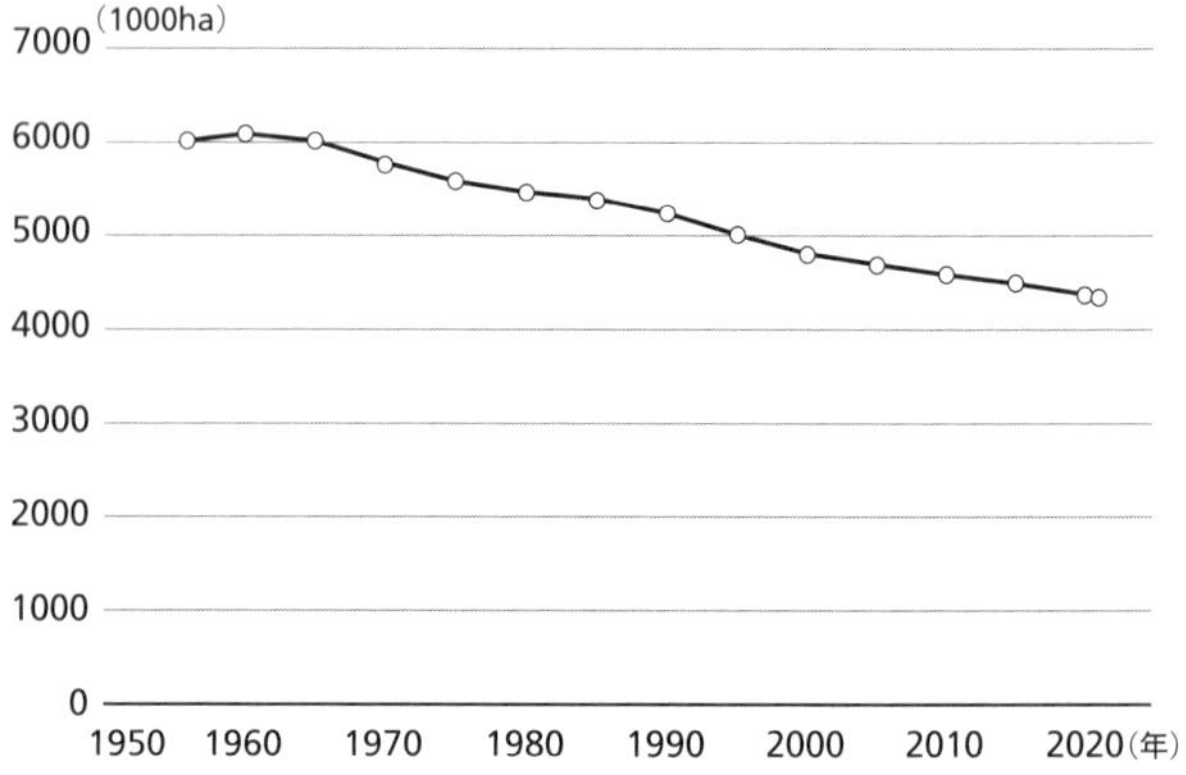

出所：『農林水産省百年史』（別巻）704ページおよび
農林水産省「耕地及び作付面積統計」より筆者作成

図5　各国の2019年の農地面積（1961年=100）

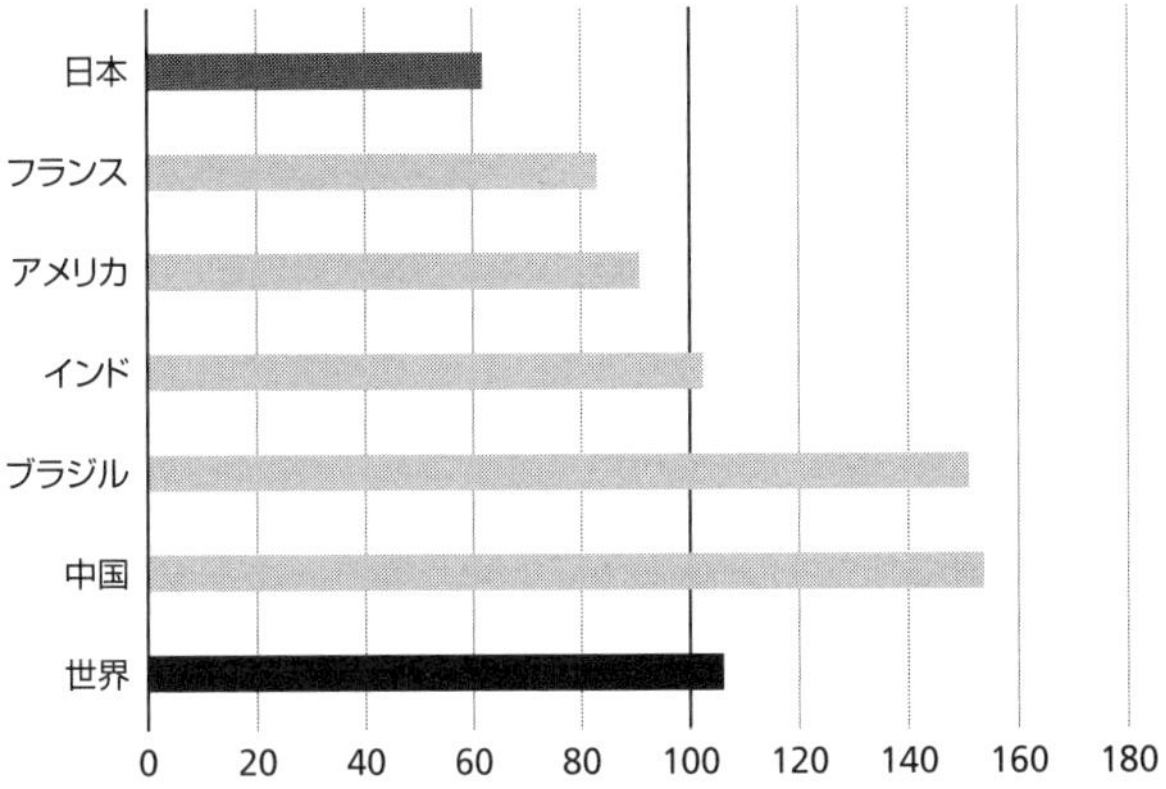

出所：FAOSTATより筆者作成

1961年に比べると、世界の農地面積は、6%程度とわずかながら増加している。中でもブラジルと中国の増加は1・5倍を超え、突出している。これに対して、アメリカもフランスも農地面積は減少しているが、それぞれ9%、17%の減少である。ところが、日本は38%も減少している（図5）。

農地面積が減少しても、単収（単位面積当たりの収量）を増やすことによって、生産量を維持することも可能である。しかし、小麦の単収についても、1961年比で中国が10倍に伸ばしているのに、日本は60%増えただけだ。農地も単収もワニの口である。

日本では戦中戦後を通じて、人口7200万人、米生産900万トン、農地面積600万ha

でも飢餓が生じた。今は、人口は1億2550万人もいるのに、当時をはるかに下回る米生産と農地しかない。有事の際、シーレーン（海上交通路）が破壊されれば、戦後の日本を救ったアメリカからの援助は日本に届かない。

シーレーンが破壊されて食料輸入の途絶が一年間ほど続くと、国民の半数以上は餓死するだろう。小麦の輸入価格が3倍になって大騒ぎしている状況とは比べものにならない深刻な危機となる。ロシア軍に包囲され食料が手に入らなくなったウクライナの都市の惨状は、他人《ひと》事《ごと》ではない。

そして、シーレーンの破壊以上に厳しい危機となるのは、ウクライナのように他国に侵略され、日本自体が戦場になる場合である。このときは、輸入が途絶されるだけでなく、国内の輸送ルートも寸断されるうえ、国内生産自体も困難となる。第二次世界大戦でも、沖縄を除き、国土が戦場になったわけではない。都市は空襲によって破壊されたが、農村部では、（男子の働き手は不足したが）通常通り農業を継続できた。ウクライナのような事態を日本は経験していない。

1977年、私は農林省（当時）に入省した。この選択を決めたのは、1973年大学入学と同時に世界的な食料危機が起きたからである。また、両親から終戦時の悲惨な食料事情を聞かされて育った。以降農林水産省に30年ほど在籍したが、食料安全保障は私の最大の関心事だった。

在職中の２０００年に最初の本を出版してから今日に至るまで、途中ＪＡ農協から抗議を受けたり、左遷されたりしながらも、食料安全保障や多面的機能の観点から、農業政策を抜本的に見直すべきだと主張してきた。

私が入省した１９７７年の米生産量は１３１０万トンだった。開始から７年が経過した減反政策は、いずれ廃止されるものと思われていた。それが50年以上も続き、農林水産省は、とうとう２０２２年産米の適正生産量を６７５万トンにしてしまった。それどころか、ＪＡ農協はもっと減らすべきだと農家に働きかけている。しかし、パンも牛乳も豚肉も食べられない食料危機のときに、どうやって６７５万トンの米で１億２５５０万人の国民に生きろというのか。

軍事的な危機が生じたとき、我が国は、武器弾薬がなくなる前に、食料不足から瓦解・壊滅する。

本書の構成を簡単に説明しよう。

第一章と第二章で、食料という財の特性や食料・農産物貿易の特徴などについて、食料安全保障の観点から必要な知識を紹介する。第三章では、国民の通念や常識が、農家は高い所得を得ているなど、今の農業、農家、農村の実態と大きく異なっていることを示す。第四章は、食料自給率向上の裏に隠されている農政トライアングルの本当の狙いと、彼らが食料自給率を低下させる政策をとり続けているファクトを明らかにする。以上の章は、国民が、食料・農業問題の〝専門家〟といわれる人たちに騙《だま》されないようにするためである。

第五章と第六章は、米農業は世界で最も持続可能なものであるにもかかわらず、どうして農政トライアングルは、これを抹殺しようとするのか、彼らの真の狙いと利権の構造を説明する。最後に、第七章と第八章で、日本で起こらない危機と起こりうる危機を解説し、日本で起こる未曾有の危機を乗り越えるためになすべき政策を提案する。

これまで私は21冊の単著を出版してきた。その中でも、今回は、日本の食料安全保障の危機を国民の皆さんに伝えるために、書かなければならなかった本である。同時に、私が在籍した農林水産省、ＪＡ農協や農林族議員を告発する書であるとともに、農政改革の実現に力が及ばなかった私の懺悔《ざんげ》と慚愧《ざんき》の書でもある。この機会を与えてくださった竹村優子さんをはじめとする幻冬舎の方々に感謝の気持ちを述べさせていただきたい。日本の農政が正しい途《みち》に戻り、この本で書いていることが全て不要となることを期待したい。

第六章　食料危機を作る農政トライアングル　159

図版・DTP　美創

第一章
食料とは何か？

毎日消費する必需品である食料の特徴

食料とは、我々が消費するもののうち最も生活になじみの深いものだ。他の消費財と違って、人の生命・健康に不可欠な必需品だといえる。しかも、ほぼ毎日消費しなければならない。一年間十分に食べたから翌年は食べなくてもよいというものではない。多いときと少ないときを平均して十分な供給があればよいというものではない。一週間でも供給が途絶すると飢餓が生じる。供給不足が生じる可能性が百年に一度という低い確率であるにしても、悲惨な事態を招く。経済のみならず、社会的、政治的な不安や混乱を生じさせかねない。これは軍事的な紛争と同じである。

また、危機になってから作付けしても、農地開発しても、目前の飢餓の解決には間に合わない。工業品のように、いつでも工場で生産できるものではない。自然や生物が相手なので、生産には時間がかかるうえ、病虫害や冷害で予定した生産を実現できないかもしれない。供給が途絶する場合には、備蓄しているものを含めて、今あるものしか食べられない。

衣料、電気製品や住居なども毎日消費するが、一度の購入で長期間賄える。しかし、食料の場合、一度消費するとなくなってしまう。穀物などのようにある程度保存できるものもあるが、野菜、果実、肉や魚などの生鮮食品については、家庭では長期間保存できないので、頻繁に購入しなければならない。穀物や大豆でも、長期間保存できるスペースを持つ家庭は少ない。仮に保存できたとしても、小麦や大豆などは、加工しなければ、そのままでは食用には供しえない。したがって、乾パンなどの加工品を備蓄用として用意することになる。米は籾《もみ》や玄米で貯蔵すると長期間保存可能だが、精米では早く劣化する。食料は、他の消費財と比べて、消費者の購入頻度が極めて高い。

　この点で、毎日供給を受ける電力と似たところがある。しかし、電力がなくなったからといって、ただちに生命が危険にさらされることにはならない。江戸時代は、電気がなくても生活していた。しかし、江戸時代でも、食料がなければ、生きることはできなかった。

　購入頻度の高さを供給サイドから見ると、消費者に頻繁に届けるための生産、加工、流通体制が必要となる。フランスでは日曜日はほとんどの店が閉まっている。午前中開いているのは、パン屋（ブーランジェリー）と花屋である。食料品を供給する労働だけは、安息日の例外なのだ。

　他方で、購入頻度を抑えるために、保存期間を長期化する技術も開発されてきた。乾燥や発酵の技術、砂糖、塩、食品添加物など保存料の使用、流通段階でのポストハーベスト（収穫後の）農薬の使用、缶詰、真空包装などのパッケージ技術などである。

　危機という観点から問題となるのは、消費者の加工・調理能力が低下していることだ。経済が成長するにつれ、また、単身世帯の増加や女性の社会進出に伴い、食の外部化が著しく進展した。国民が支出する飲食料費の9割が加工・流通・外食に帰属する。我々は、主に、加工した食品、調理済みの食品、外食店で提供される食品を食べている。

食料とともに石油などのエネルギーの輸入も途絶して、加工・流通・外食といった産業が十分に機能しなくなれば、小麦から作られるパンやうどん、大豆から作られる味噌、醤油や豆腐などを食べられなくなる。我々は、自らこれらを作る知識や技術を忘れている。玄米をついて白米にすることさえ、不確かだ。経済的には進化だったのだろうが、終戦時に比べ、危機への対処や生命維持の技術という観点からは退化した。

供給減ですぐに値上がりする

食料も他の財と同様、価格が下がると需要量は増える。しかし、その増え方に特徴がある。テレビの価格が半分になると、もう一台買おうという気になるだろう。テレビを販売する立場からすれば、価格が半分になっても販売量が2倍になれば、価格に販売量を乗じた売上高は変わらない。もし販売量が2倍以上増えると、売上高は増える。

ところが、食料の場合、価格が半分に下がったからといって、胃袋は変わらない。倍の量を食べることはできない。価格が半分になって、販売量が2割増えたとしても、売上高は以前の60%で4割の減収となる。テレビのような場合を、需要が価格弾力的、食料のような場合を、需要が価格非弾力的という。

これを供給量から見ると、食料（農産物）の供給が少し増えただけでも、市場で販売するためには、価格を大幅に下げなければならない。先の例では2割の増産で価格は5割も低下する。

こういったことは、実際によく見られる。天候がよくて野菜が穫れすぎると、野菜の価格が暴落する。〝豊作貧乏〟といわれる現象である。価格低下を抑えるために、畑に実るキャベツをトラクターで押し潰して廃棄し、市場への供給量を制限する。逆に長雨などで不作になると野菜の価格は高騰する。仮に2割の減産で価格が2倍になれば、農家の売り上げ＝消費者の負担は6割（0・8×2＝1・6）増加する。物価対策として野菜はいつも話題になる。食料・農産物の需要が価格非弾力的であるために起こる現象である。

これを利用したのが、米の減反政策である。農家に補助金を出して米生産を減少させ、価格を引き上げれば、農家の売上高は増加する。売上高に比例して販売手数料収入が決まるＪＡ農協も利益を受ける。

農家の売上高増加は、消費者からすれば支払額＝負担額の増加である。国民納税者は、３５００億円ほどの補助金支出という負担をし、さらに消費者として、米価の上昇という負担をしている。通常であれば、医療などのように財政負担をすれば、国民は安く財やサービスの提供を受ける。しかし、米の減反政策は、国民の主食である米について、財政負担をして消費者負担を高めるという異常・異例の政策である。経済学の費用便益分析を行えば、明確に国民の経済厚生水準を引き下げていることがわかる。やってはいけない政策である。

しかし、生産者の立場に立つ農林水産省としては、消費者のことなど気に留める必要はない。国権の最高機関（憲法第41条）である国会から非難されることはない。自民党から共産党まで、全て減反による高米価政策を支持しているからだ。単に認識不足で不勉強なだけなのか、嘘《うそ》だと知って行動しているのか、よくわからないが、彼らは今でも農民は貧しく助けなければならないという誤った前提の下で行動している。

農民の側も政府の援助に慣れきっている。米価が下がったりすると、農政が悪いと選挙の際批判的な票を投じる。野党も米価が下がると、ここぞとばかり与党・政府を攻撃する。これに与党の政治家は怯《おび》える。売り上げが減少すると、政府に責任があるとしたり政府に補助を求めたりする産業は、他にないだろう。客足が減りシャッター通り化した商店街の店主でも、このような行動はしない。農林水産省の農地転用規制がザルで、農地の跡に大型のショッピングモールができたことが、シャッター通り化の原因であってもである。

米価が高いと貧しい消費者が困るはずなのだが、貧しい人の代表を標榜《ひょうぼう》する政党も、気にする様子はみじんもない。この結果、平均的な国民所得の数倍の所得を得ている農家が、消費者や納税者の負担で大きな保護を受けている。

誰でも食べなければならない。つまり、お金持ちの人でも貧しい人でも、飲食料品を買わなければならない。このため、収入から飲食料品に支出する割合は貧しい人の方が高くなる。消費税を導入・増税すると、貧しい人の負担が大きくなる。逆進性の議論である。消費税を８％から10％に引き上げるときには、食料品の価格が上昇すると、貧しい人の負担が大きくなるという懸念から、飲食料品には８％の軽減税率が適用された。

しかし、政治家やマスメディアがどこまで貧しい人のことを考えているのだろうか。食料品・農産物の国内価格を国際価格よりも高くしている関税をＴＰＰ（環太平洋パートナーシップ協定）交渉で守ることを、政治家は〝国益をかけた戦い〟と呼び、マスメディアも無批判にこれを報道している。実際には、関税によって国民・消費者が負担する額は、消費税の軽減分よりはるかに多い。また、政府は、米の減反政策で市場価格よりも高い価格を消費者に払わせている。欧米が行う「直接支払い」なら生産者に所得を補償しながら消費者に安く食料を供給できるのに、関税分が加わった高い価格が国益だというのである。

米の減反政策は、消費者や納税者に負担を強いただけではない。後述するように、これが、日本の食料安全保障を危機的な状況に至らしめているのだ。

穀物、大豆、イモの重要性

我々が生きていくうえで欠かせない三大栄養素は、炭水化物（糖質）、脂質、タンパク質である。脂質は、体内で合成できるが、炭水化物は合成できない。タンパク質はアミノ酸が結合したものであるが、20種類のアミノ酸のうち、ロイシン、リシンなど9種類の必須アミノ酸は体内では必要量を合成できない。つまり、炭水化物とタンパク質は、食料から摂取するしかない。

炭水化物は、生命維持に必要なエネルギー（カロリー）の重要な供給源である。我々は、炭水化物を主として、米、麦、トウモロコシなどの穀物や大豆、イモ（以下、便宜上これらを含めて〝穀物等〟として扱う）から摂取している。米、小麦、トウモロコシを三大穀物という。生産量が突出しているからである。イモは、江戸時代の飢饉や終戦時の食料難のように、危機の際に最も頼りにされた作物である。

欧米に、麦という概念はない。小麦（wheat）、大麦（barley）、ライ麦（rye）は全く別の穀物として認識されている。日本や中国では、冬作物としてこれらを麦と総称している。

トウモロコシのほとんどは、家畜のエサ用とエタノール用である。これはデンプン含有量が多いデントコーンという種類で、我々が食料とする糖分の多いスイートコーンとは別の種類である。

カロリーを脂質やタンパク質から摂るときでも、脂質やタンパク質を供給する畜産物（牛乳やバターなどの乳製品、食肉、卵）用に飼育される家畜のエサには、穀物が使用される。つまり、穀物はカロリー源として直接食用に供されるほか、家畜のエサになって畜産物を生産し、間接的にカロリーを供給する。

脂質を供給する植物油の原料として、大豆は重要である。大豆は、日本では味噌、醤油、豆腐、納豆として直接食べるが、世界全体としては、主として油を採るために利用され、搾《しぼ》りかすが家畜のエサとして使われる。このため、世界的には、大豆は、菜種、ヒマワリの種などとともに油糧種子（oil seeds）に分類される。

タンパク質は、筋肉、骨、臓器、血液を作るために必要な栄養素であり、糖の代謝や免疫機能の維持に重要な役割を果たす。タンパク質の難点は、体内で貯蔵できないことである。タンパク質が分解されるとアミノ酸になるが、使われなくなったアミノ酸は排出されて、体内に留まらない。タンパク質が足りなくなると、人体は筋肉を分解してアミノ酸を作ろうとするので、筋肉量が落ちて運動障害が起きる。それだけでなく、糖の代謝が悪くなって糖尿病を発症したり、免疫機能が低下したりする。

我々は、タンパク質を、主に、魚、食肉、卵、乳製品、大豆製品などから摂取してきた。しかし、人類が生存してきた過程を見ると、これらの食品については、近年に至るまで保存や長距離の輸送に問題があった。唯一保存できるタンパク質供給源は大豆だった。大豆は保存がきくうえ、長距離の輸送も可能である。

大豆だけでなく、畜産物と異なり多くのエネルギーをかけないで、保存や輸送を行えることが穀物等の利点である。これによって農村から遠く離れた都市に食料を供給できるようになった。農業の生産性向上による食料増産は、都市への人口集積を可能にし、経済を発展させた。

米などの穀物等にもタンパク質は含まれている。現在、日本各地の米生産者が、最も食味のよい特A米の生産を競っている。しかし、食味のよい米とは、タンパク質含有率が低い米であることがわかっている。食料危機の際、タンパク質の供給を優先的に行う必要があるならば、官民挙げて食味のよい米ばかり生産増に努めることは問題ではないだろうか。

以上からわかるように、食料危機への対処という観点から最も重要な農産物は、穀物に大豆とイモを加えた穀物等である。

今、新聞、テレビなどマスメディアが取り上げる活躍する農家は、野菜、果物、花の生産者が多い。これらの農産物は価格も高く、農家は高い収益を上げている。しかし、食料危機の際には、これらの農産物だけでは人は生存に必要なエネルギーを摂取できない。しかも、同じく農業だからといっても、野菜農家が簡単に米を作れるわけではない。

農作物の生産は自然に左右され制約が多い

他方、供給面での特徴は、生物を相手とし、自然や気象条件等に左右されることである。工業製品とは異なり、食料供給は、本来的に不安定である。生命維持に不可欠な財にもかかわらず、供給が不安定であることが、食料安全保障が議論される一つの理由である。

工業にセメント、鉄鋼から電気製品、自動車まで多様で異質な業種があるように、農業の中にも、穀物、畜産、野菜、果樹など様々な種類がある。

穀物（米、麦、トウモロコシ）、大豆、サトウキビ・ビート（いずれも砂糖の原料農産物）、イモなどは、土地を多く使う。これらは、土地利用型農業といわれる。他の条件が同じであれば、農場当たりの農地面積が大きければ大きいほど、より大型で効率的な機械を使用することができ、生産コストは減少する。

トウモロコシやサトウキビは、アメリカやブラジルで、ガソリンの代替品であるエタノールの原料としても使用される。アメリカの政策によりエタノール生産が増加したため、トウモロコシ、ひいては穀物の価格が、原油価格と連動するようになっている。トウモロコシやイモは、デンプンにも加工され、清涼飲料水に使われる異性化糖や紙のコーティング剤など多様な用途がある。

米を除いて直接食用にできる農産物は少なく、小麦が、製粉されたのちパンや麺に加工されるように、食品として利用するには、加工業が必要である。食料危機のときも同様だ。消費するまで、農業生産以外に、追加的なエネルギーが必要となる。この点、それほど加工しなくてもよい米は、食料危機をしのぐためにも有効な作物である。

野菜の中には、一年に複数回、収穫できるものもある。しかし、熱帯地域の米を除き、温帯地域では、穀物等は基本的には一年一作である。しかも生育する期間が限られる。冬に米は作れない。それゆえ、食料危機時の対応に特別の配慮が必要となる。

毎年７００万トンの米を生産する我が国で、食料危機が起こり、小麦、トウモロコシ、牛肉等の輸入が途絶したときを考えてみよう。輸入食料がないので、最低限１６００万トンの米供給がないと国民は必要なエネルギーを確保できない。１６００万トンの米生産に必要な種籾や農地を確保できていると仮定しても、危機が田植え後の６月に起きれば、その年に増産することはできない。増産のための作付けは、翌年の５月まで待つしかない。収穫は翌年の９月である。６月から翌年９月まで一年以上の期間を、年間１６００万トン必要なところを７００万トンの供給量のペースでしのいでいかなければならない。

米は水田で、それ以外の作物は畑で作られる。水田という生産装置は水を蓄えるため、水平にする必要がある。畑作には、同じ作物を続けて植えると、土壌に含まれる微量元素に過剰・欠乏が生じたり、土壌の中に特定の病原体が増加したりすることによって、収量が低下する連作障害（通称〝いや地〟）がある。このため、畑地では、輪作（同じ耕地に一定期間ごとに違った種類の作物を栽培すること）や休耕（田畑での耕作を一時休むこと）が行われる。世界の穀倉地帯であるアメリカの中西部（コーンベルト）では、トウモロコシと大豆が輪作されている。

しかし、米には連作障害はない。森林から栄養分を蓄えた水が水田に送られ、水田の不要物を洗い流してくれるからである。日本人は、３０００年もの間、毎年米を作ってきた。水の働きは重要である。アメリカ、オーストラリア、ＥＵとも降雨量が少ないので、農薬や化学肥料などが土地、河川、地下水等に残留しやすい。ＥＵでは、亜硝酸によるヘモグロビンの酸化により血液が酸素を運べなくなって生後６ヶ月くらいの乳児が死亡するというブルーベビー現象が生じている。

畜産は食料危機のとき何ができるか？

畜産は、基本的には牛（馬）の大家畜と、豚、鶏の中小家畜に分類される。人類の歴史の中で、牛や馬には草を食べさせてきた。しかし、最近では、中小家畜と同様、牛にもトウモロコシなどの穀物や主にこれを加工した炭水化物やタンパク質の多い濃厚飼料を食べさせるようになっている。道東地域の酪農、岩手県の短角牛、阿蘇の褐牛《あかうし》、２０００年の主要国首脳会議（九州・沖縄サミット）で提供された石垣牛、山に放牧する山地酪農など、草地資源を活用している例もあるが、一部にすぎない。道東地域の酪農でも穀物主体の濃厚飼料が供与されるようになっているし、都府県の酪農は、濃厚飼料だけでなく乾燥牧草も輸入に頼っている。

畜産は大型化が進み、全国にわずか3850戸しかいない養豚農家が929万頭の豚を飼養している。平均すると、農家一戸当たり2413頭の豚を飼養している。養鶏農家（ブロイラー）は2160戸の農家が7億羽の鶏を出荷している。一戸当たり33万羽である。

酪農も、乳牛が自分で搾乳場に入るフリーストール・パーラー方式や搾乳ロボットが普及し、多頭飼養、自動化が進んでいる。酪農は、乳業（加工業）と一体である。酪農家が搾った生乳を牛乳・乳製品にして消費者に提供するためには、乳業が必要となる。

日本の畜産は、トウモロコシなど輸入農産物の加工品といっても過言ではない。動物がいる工場に、輸入農産物を投入（インプット）すれば、生産物（アウトプット）として牛乳、食肉、卵が出てくるイメージを持ってもらえばよい。生物を利用するという点以外では、工業と変わらない。工場のような生産なので、天候や自然の影響を受けない。

畜産は、エサの輸入が途切れる食料危機の際には壊滅し、国民への食料供給という役割を果たせない。ただし、穀物供給不足時に家畜を殺して飢えをしのぐということも考えられる。畜産という英語の〝live-stock〟とはその意味である。しかし、輸入途絶という事態が長期化する場合には、一時しのぎの対応にすぎない。エサがなくなると飼えなくなり死亡するので、一度に大量に殺処分するしかない。それによって生じる膨大な在庫を冷凍保存するためには、多くのエネルギーが必要となるが、輸入が途絶する際は、そのエネルギーも不足する。そもそも大量の在庫を保管する倉庫もない。結局、食肉を大量に廃棄するしかない。〝live-stock〟の役割は果たせない。

環境面でもマイナスである。エサを輸入している畜産は、糞尿を穀物栽培に還元することなく、国土に大量の窒素分を蓄積させている。家畜の糞尿も牛のゲップも、温暖化ガスのメタンを発生させる。環境面からは、穀物を輸入するのではなく牛肉や豚肉などを輸入した方がよい。健康面でも、牛肉、豚肉、バターなどに含まれる不飽和脂肪酸の一つ、オメガ6は、心筋梗塞《こうそく》や脳梗塞を引き起こす。日本で一般に行われている穀物肥育の牛肉は、オーストラリアなどの牧草肥育に比べオメガ6を多く含む。

畜産を保護する理由は、食料安全保障の観点からも、環境保護の観点からも、存在しない。OECD（経済協力開発機構）の汚染者負担原則（PPP：Polluter Pays Principle）からすれば、税金を課して、生産を縮小させるべきである。地球温暖化への対応が求められている中、世界で検討されているのは、植物活用による代替肉、細胞増殖による肉生産など、畜産の縮小である。

しかし、畜産が発展していることを反映して、農林族議員の中でも畜産議員の力が強まっている。畜産議員は、畜産関係予算を増額し、農林水産省の畜産部を畜産局に昇格させている。2020年には、自民党農林部会は、新型コロナウイルス感染症対策として、国産牛肉の商品券の交付を提案した。これが世論の批判を浴びて撤回されると、今度は野党議員が学校給食に国産牛肉を提供することを提案し、農林水産大臣がよい考えだと応じている。

野菜、果樹や花は、農地をあまり必要としないが、労働力を多く使う。外国人研修生の手も借りている。施設（ハウス）栽培の普及によって、周年栽培・販売が可能だが、露地栽培と異なり、大量の石油を使用する。原油の価格が上昇すると、野菜や果樹農家が困るという報道がなされる。石油に依存しているという点では、漁業と同じである。石油の輸入が途絶すると、一部の野菜・果樹や魚の供給も困難となる。なお、野菜も家庭消費用が減少し加工・業務用の割合が6割程度に上昇している。

農業の生産性と農地規模の関係

食料増産や輸出競争力の観点から、農業の生産性を向上するためには、どのような方法を検討しなければならないかを説明しよう。その際、農業生産は、ＢＣ過程とＭ過程から構成されることの理解が重要になる。

ＢＣ（生化学的）過程とは、種子が生長して実をつけるという、肥料や農薬が重要な役割を果たす過程のこと。ＢＣとは、生物学（Biology）と化学（Chemistry）の頭文字である。Ｍ（機械学的）過程とは、トラクター、コンバイン等を利用するもので、Ｍとは、機械（Machine）の頭文字である。

ＢＣ過程は農地の大きさとは無関係である。１haのＢＣ過程で用いられる種子、肥料、農薬、水を１００倍すれば１００haのＢＣ過程になる。

これに対して、アメリカの２００haの農場で使われる大型機械を日本の10ａ（アール）の圃場《ほじょう》で使うことはできない。Ｍ過程では農場の規模によって適正な機械が異なり、規模が大きくなればなるほど、より効率的な機械を利用できるので、生産性は向上し、生産物１単位当たりの生産費は減少する。規模の経済が働くのである。

穀物生産について、農場当たりの農地面積が大きいほどコストは減少すると説明した。労働費も算入した60kg当たりの米生産費（全算入生産費という）は、農家規模０・５ha未満層２万７０００円、０・５～１ha層２万２０００円、（中略）３～５ha層１万４０００円、（中略）50ha以上９０００円と、規模が大きくなるにつれて減少する。農家にとって実際のコストに当たる、肥料、農薬、農機具等の物財費は、この規模の区分では、１万６０００円、１万３０００円、８０００円、５０００円となっている（２０２０年平均）。50ha以上の規模の農家の平均費用は０・５ha未満の農家の３分の１以下なのである。

他方、ＢＣ過程では、農地面積が一定であれば、肥料を増加するにつれ、追加的な肥料投入量当たりの増収量は減少する。これを、経済学では〝限界生産力逓減《ていげん》の法則〟という。限界

(marginal) とは経済学でよく使われる概念で、ある変数をわずかに増やしたときに、別の変数がどれだけ変化するかというものである。数学の微分の概念と同じであり、経済学で数学が使われる一つの理由である。

限界生産力逓減の法則とは、（他の生産要素の投入量を固定して特定の生産要素の）投入量を増やしていくにつれて、（生産量の総量は増加していくものの）追加投入量当たりの生産量（限界生産物）の増加がだんだん少なくなることをいう。追加的な効果が薄れていくと理解してもらえばよい。

逆に、生産量を1単位増やすことから考えると、これは1単位当たり次第に多くの追加的な生産要素の量が必要となる、つまり多くの費用がかかることを意味する。限界生産物が逓減してくると、限界費用（生産量を1単位増加するための追加的な費用）はだんだん増える（逓増する）。

農産物のような市場では、個々の農家の生産は市場全体の供給量に比べて小さいので、その生産が増えても減っても市場価格には影響しない。このとき農家は市場価格を与えられたものとして行動する。農家にとって、価格が限界費用を上回っていれば生産を1単位増やした方が利潤は増加する。逆であれば、生産を1単位減らした方が、利潤は増加する。したがって、価格と限界費用が一致する生産量で利潤は最大となる。これは、経済学部の学生がミクロ経済学で最初に学ぶ定理である。

すなわち、一定の農地規模の下ではＢＣ過程により収穫逓減が働き、規模を大きくするにつれM過程により収穫逓増となる。

しかし、BC過程ではコスト削減の道はないのか、というとそうではない。品種改良などの技術進歩によって、規模とは関係なく、単収（単位面積当たりの収量）を向上できる。肥料や農薬の投入が少なくても多くの生産ができる（produce more with less）ので、コストは下がる。これは、危機への対応としても重要である。危機のときには、肥料や農薬をたくさん使えなくなる。食味のよい品種よりも、単収の多い品種を作付けする必要がある。

以上述べたことを、式を用いて簡単にいうと、次の通りである。規模を拡大すると分子が低下し、品種改良をすると分母が増加し、いずれもトン当たりのコストを削減することが可能となる。

トン当たりのコスト＝単位面積当たりの（肥料、農薬、労働などの）コスト／単位面積当たりの収量

所得は、価格に販売量を乗じた売上高からコストを引いたものなので、規模が拡大するとコストが減少して所得が増える。農林水産省が、所得の統計を変更したので、少し古いが２０１８年のデータを図６で示す。

図6　規模別生産費・所得（2018年）

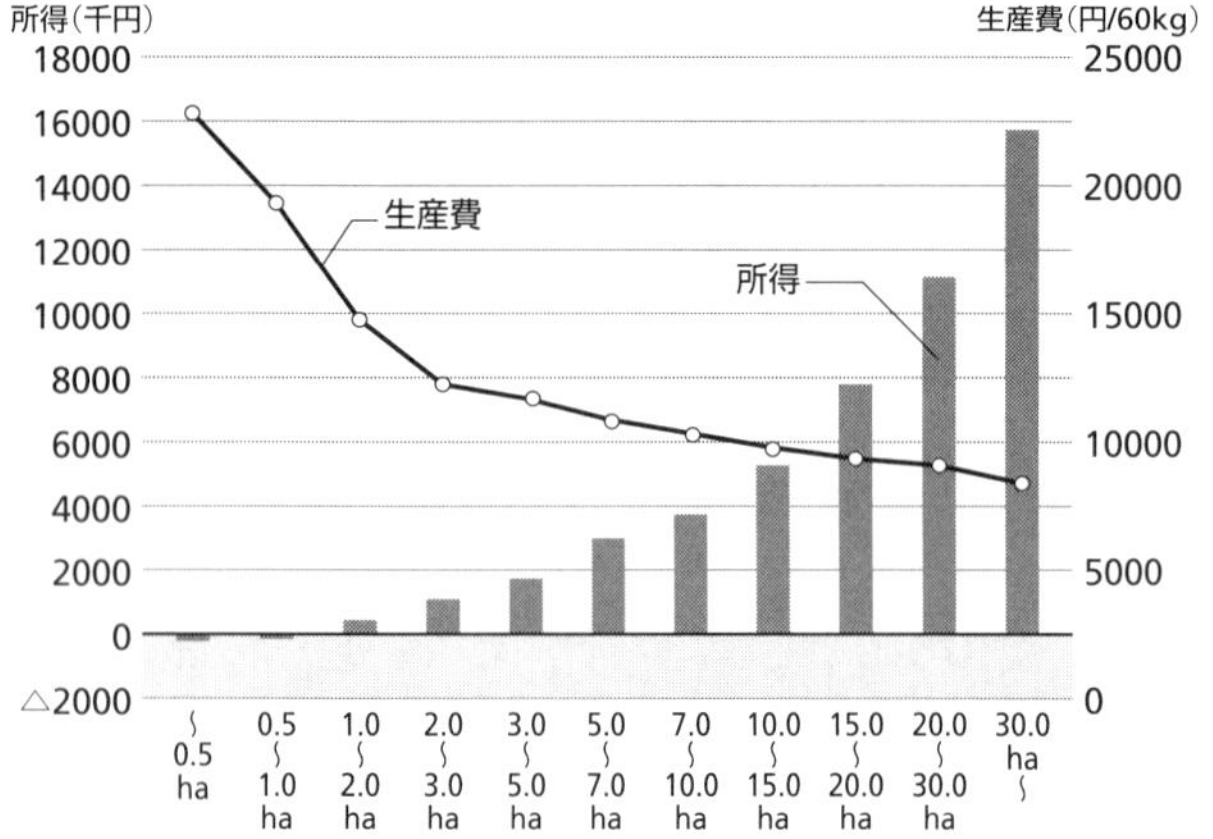

出所：農林水産省「農業経営統計調査」より筆者作成

この図が示す通り、都府県の米農家に多い1ha未満層の所得はマイナスである。ただし、これらの農家は兼業（平日はサラリーマンとして働く）農家が多く、米の販売収入から肥料・農薬等のコストを引いて収益の計算を行う者は少ない。販売収入が所得だと考える者が少なくない。収益計算を行う農家であれば、米作経営の赤字を確定申告して、サラリーマンとして源泉徴収された税金の一部を還付してもらっている。

平時の農業生産が有事を支える

以上は、危機が起きていない平時の農業の姿である。石油などの供給が途絶えた有事の農業は別である。化学肥料、農薬、農業機械などを使用できない。今よりも単収が低下するので、より多くの農地が必要となる。

ただし、危機の検討においても、平時の農業を検討する必要がある。危機が起きた当初は、平時の農業の生産物を消費することになるからである。平時と有事は連続している。突然輸入が途絶しても対応できるような、平時における十分な食料生産が必要なのである。

生産量は、次の式で表される。

生産量＝農地面積×単収（単位面積当たりの収量）

生産を拡大するには、農地面積と単収を増加させなければならない。しかし、農林水産省をはじめとする農政トライアングルは、農地面積を大きく減少させるとともに、単収の向上を抑制してきた。食料安全保障という視点を全く欠いた農政を行ってきたのである。

「はじめに」の図１・２で示したように、米と小麦について世界と日本の動きの違いを示そう。米の生産量について、図１の１９６１年から２０２０年までの伸び率を見ると、日本が４割減少しているのに対し、世界は３・５倍、ベトナム４・８倍、アメリカ４・２倍、中国３・８倍、インド３・３倍、タイ３・０倍となっている。

生産量を決定する単収（単位面積当たりの収量）について、図７で１９６１年と直近５ヶ年（２０１６年から２０２０年）平均の比率を見ると、日本１・４倍、世界２・５倍、中国３・４倍、ベトナ

図7　各国の直近5ヶ年の米単収の平均
（1961年=100）

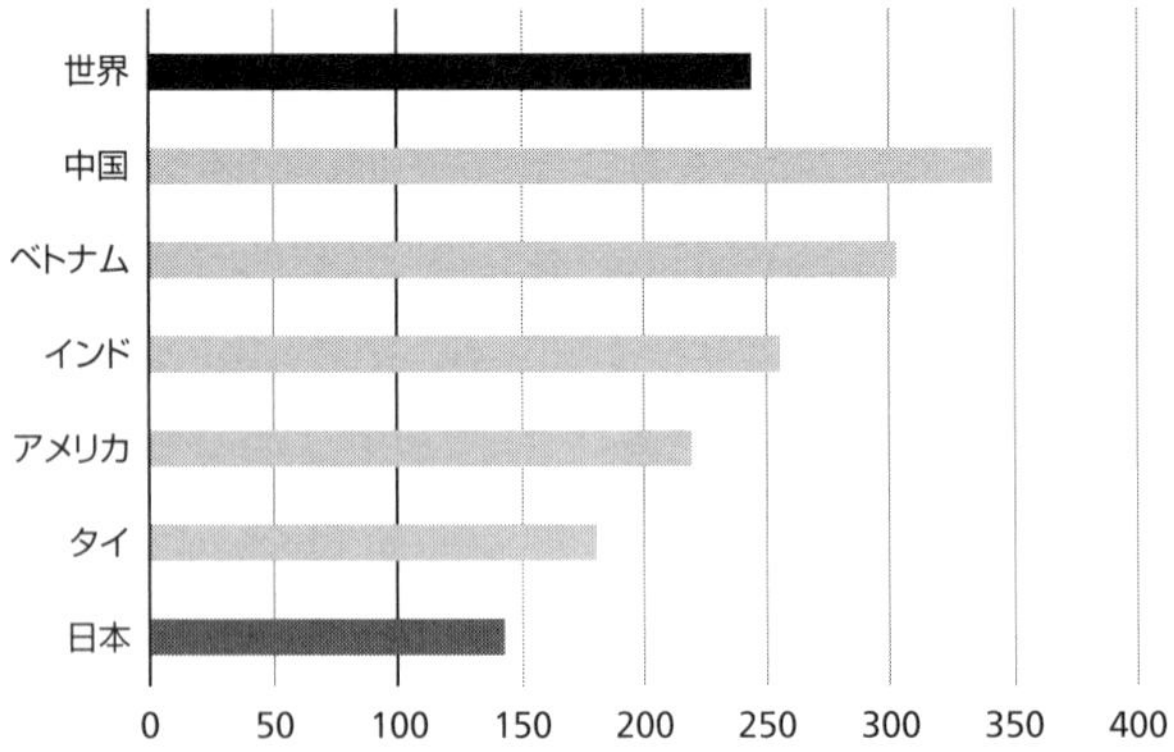

出所：FAOSTATより筆者作成

ム3・0倍、インド2・5倍、アメリカ2・2倍、タイ1・8倍となっている。

小麦の生産量について、図2の1961年から2020年までの伸び率を見ると、日本が半分に減少しているのに対し、世界は3・4倍、中国9・4倍、カナダ4・6倍、フランス3・1倍、アメリカ1・5倍となっている。中国は10倍近い伸びを示している。アメリカの増加率が少ないのは、小麦から収益の高いトウモロコシへ生産がシフトしたからである。

単収（単位面積当たりの収量）について、図8で1961年と直近5ヶ年平均の比率を見ると、日本1・5倍、世界3・2倍、中国9・9倍、カナダ4・6倍、フランス2・8倍、アメリカ2・1倍となっている。中国の生産の伸びは、

図8　各国の直近5ヶ年の小麦単収の平均
（1961年=100）

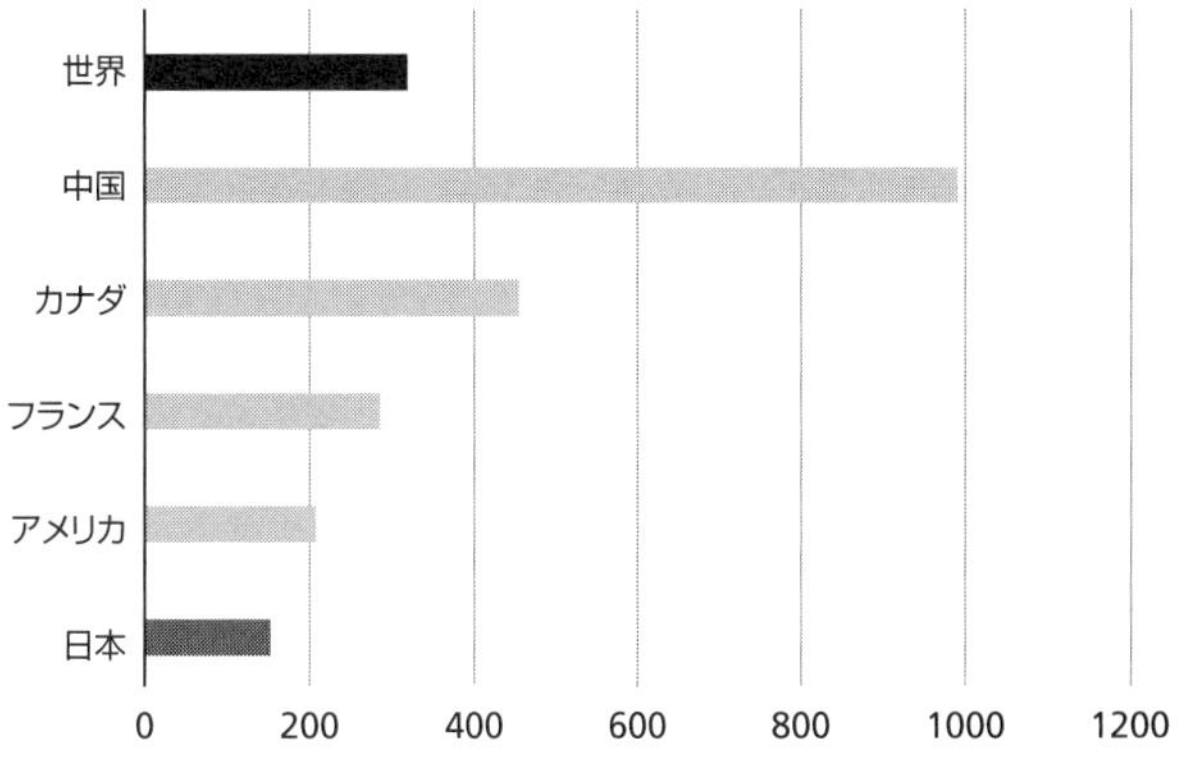

出所：FAOSTATより筆者作成

面積ではなく単収の増加によることがわかる。
　日本の場合、米も小麦も単収の伸びは他の国に比べて劣っている。

気候・風土による影響と水や土の重要性

　畜産を除いて、農業生産は気候・風土の影響を受ける。

　モンスーン地域では、米作が行われる夏期に降雨量が集中する。ヨーロッパでは夏の降雨量は米作を行うには足りないが、年間平均して雨が降るので、雨水を利用した畑（小麦）作が中心となった。しかし、一粒からの生産力という点では、米は小麦をはるかにしのぐ。アジアモンスーン地域の面積が世界の14％しかないにもかかわらず、世界人口の6割を養っているのは米の力である。

作物が異なるだけではない。同じ作物の同じ品種を作付けしても、気候・風土によって、異なる品質の産品ができる。コシヒカリでも、新潟県魚沼産と一般の産地とでは、1・5倍の価格差がある。中山間地域の魚沼地方は、日中の寒暖の差が大きい。日中の気温が高いと光合成を盛んに行い、デンプンを作る。夜の気温が低いと、デンプンを消費しないで蓄える。これによっておいしい米が作られる。

ブドウも同じだ。カベルネ・ソービニオン、ピノ・ノワールなど多数の品種がある。しかし、同じ品種を栽培しても、できるワインには地域によって差があるだけではなく、同じ地域内でもワイナリーによって差が生じる。工業の場合はどこの工場でも同じ製品ができるが、気候・風土に規定される農業は違う。人の力だけでは、よいものは作られない。ある意味、これが農業の面白いところでもある。

生産要素について説明しよう。

経済学を学んだ人であれば、労働と資本という生産要素を投入してある財を生産するとき、この二つの生産要素の間に代替性があること、つまり一方を増やせば他方を減らしても同じ量の財を生産できることを学んだはずである。

農業機械を動かすのに必要な石油の輸入ができなくなれば農業生産が行われなくなるので、食料安全保障は意味がないという主張が時々行われる。しかし、これは「生産要素間の代替性」を理解しない議論である。農業の生産要素のうち、除草剤や農業機械は労働で、化学肥料は堆肥《たいひ》で代替できる。戦前には、化学肥料は普及し始めていたが、農薬や農業機械はほとんど普及していなかった。農薬、化学肥料、農業機械がなくても、農業は営めたのである。

　これに対して、太陽光、水、土は、農業にとって不可欠かつ代替不能な生産要素である（光についての例外として、ＬＥＤを利用する植物工場があるが、これは太陽光を使わない代わりに、莫大なエネルギーの投入を必要とするので、多額の補助金を得てかろうじて操業しているにすぎない）。石油がなくても作物は育つ。しかし、光がなくても、水がなくても、土がなくても、作物は育たず、農業はできない。太陽光は資源的には人類の歴史からすれば無限と考えてよいが、地下水、土は再生産の過程が長く、ほとんど再生不能な資源といってよい。

　しかも、粘土質、砂質など土壌の物理的特性、水分や有機質の含有量や肥料などの土壌成分、土中の微生物、傾斜や区画の大小などの農地の形状など、土地には多種多様なものがある。炭素でも、石炭とダイヤモンドとでは大きな違いがあるのと同じである。

　オーストラリアの農地面積は4億haで、日本の90倍もの広さだ。しかし、そのうち穀物や野菜などの作物を生産できるのは、５０００万ha未満にすぎない。９割は草しか生えない土地で、牛が放牧され、脂肪身の少ない低級牛肉がアメリカに輸出され、ファストフード店のハンバーガーになっている。

図9　世界の小麦単収比較（2020年）

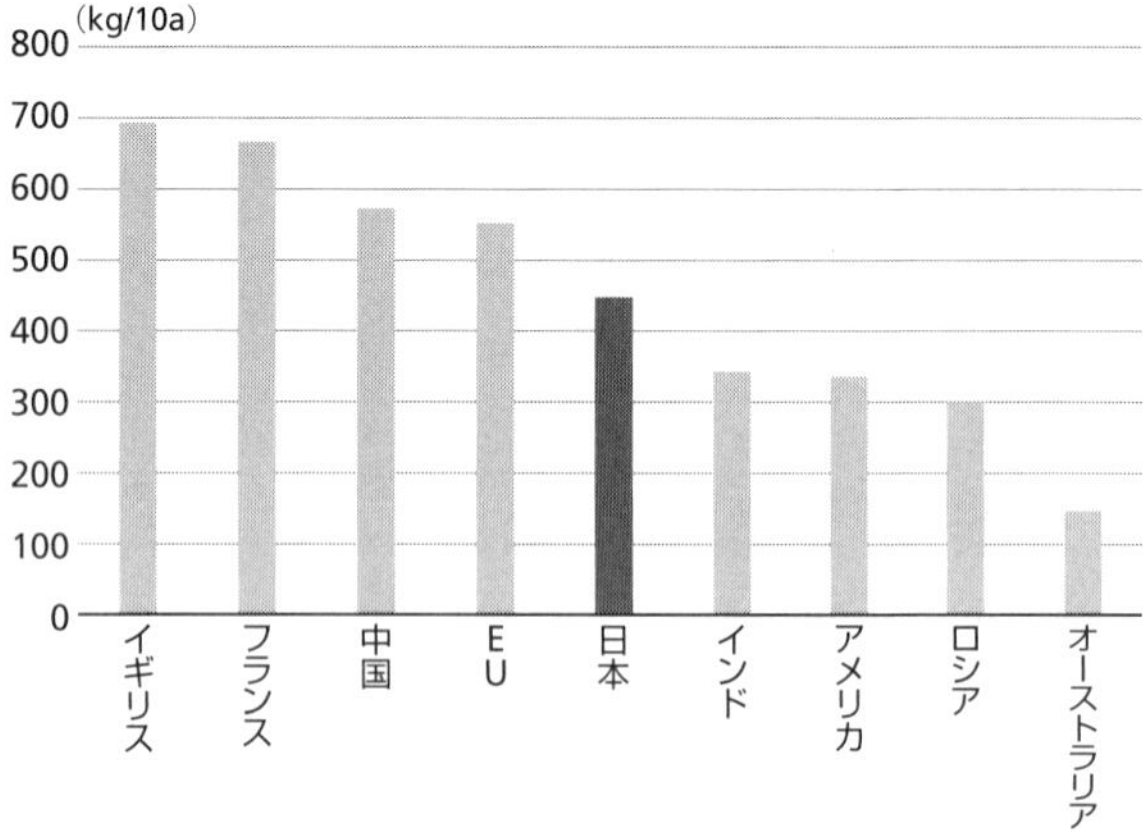

出所：FAOSTATより筆者作成

オーストラリアの農地はやせている。小麦作でも、オーストラリアの単収（単位面積当たりの収量）は、イギリスやフランスの5分の1、日本の3分の1だ（図9）。EUの農場規模はアメリカやオーストラリアと比べものにならないほど小さい（アメリカの12分の1、オーストラリアの218分の1）が、単収の高さと政府からの直接支払いで、国際市場へ小麦を輸出している。EUは世界第2位の小麦輸出地域である。

アメリカ中西部の肥沃度の高いコーンベルト地域では、トウモロコシと大豆が輪作されている。これらは、家畜にエサとして与えられ、脂肪身の多い高価格の牛肉は、日本などに輸出される。中央部の農地では小麦が作られ、草地では牛が放牧されている。土地の肥沃度に応じて、収益の高い作物から、順番に作られている。肥沃なコーンベルトで牛を放牧することはない。

先ほど、農場の規模が大きいとコストが低くなると説明した。これを「他の条件が同じであれば」(ceteris paribus=other things equal) という限定を加え、少し修正する必要がある。

ＴＰＰ交渉のとき、ある農業経済学者は、「日本農業は規模が小さく、アメリカやオーストラリアと競争できないので、関税が必要だ」と盛んに主張していた。農家一戸当たりの農地面積は、日本を1とすると、アメリカ63、オーストラリア１４９５だ。たしかに、他の条件が同じであれば、規模が大きい方がコストは低くなる。

しかし、日本を外して、アメリカとオーストラリアを比較すると、アメリカはオーストラリアの24分の1なので、オーストラリアと競争できないことになるはずだ。しかし、アメリカは世界最大の農産物輸出国で、オーストラリアは輸出国のベストテンにも入れない。アメリカの農業生産額はオーストラリアの9倍である。規模だけが重要なのではない。土壌の肥沃度などによる土地の生産性を考慮する必要があるのだ。

傾斜農地は、一般的には機械の導入が難しく大規模化しにくいという問題がある。しかし、斜めに作物が植えられるので、平坦な農地よりも作物全体に太陽光が当たるというメリットがある。また、標高差を利用すれば作期をずらすことができるので、同じ数の労働者でも、平地よりも多くの面積を使うことができる。例えば、平地では10日間しかできない田植えの期間を

3ヶ月とれば、傾斜地でも大規模米作を展開できる。

日本の農地の特徴は、牧草地の割合が14%と、他の国に比べ低いことである。牧草地の割合は、オーストラリアでは87%、中国では74%、アメリカでも62%を占める（2019年）。しかも、日本では、生産力の高い水田が半分以上を占めている。日本は農地面積は少ないものの、植生が豊かで農業生産には恵まれている。それなのに、農業生産を縮小する政策をとり続けているのは「もったいない」と言うしかない。

農業は技術革新の固まり

作物や家畜は、食料生産に都合のよいように人間が長年手を加えて改良してきたものである。自然界からすれば、これは「奇形」である。

例えば、野生のイネは、（i）発芽や出穂が不揃い、（ii）穂は貧弱で、種子は小さく、すぐに地上にこぼれてしまう、（iii）肥料を与えても葉が茂るだけで実の収量は増えない、という性格を持っている。

これに対して、現在栽培されているイネは、（i）発芽や出穂が均一、（ii）食用になる穂や実が大きく、実は下にこぼれない、（iii）肥料を与えると収量が増加する、という性格のものである。

特に、（ⅱ）は自然界の摂理とは逆に、人間にとって都合のよい特徴である。タンポポの綿毛のように、生物としては、種を多く飛ばした方が子孫を残すために有利である。人間は突然変異によってわざわざ誰かに食べられてしまう特徴を持った品種のみを残して食用の栽培種としたのだ。遠くで穂を採取して家に帰るまで、実がこぼれ落ちなかったものを選んで、栽培したといわれる。これは、他の穀物についても同じである。

また、葉が巻かないケールという作物から、ブロッコリーやキャベツが誕生した。リンゴ、トマト、イチゴも、人の手が加えられる前の野生種は実が小さいものであった。

しかし、19世紀までは突然変異を活用した自然任せの作物改良だった。このやり方ではよい品種を得るまでに極めて長い期間が必要となる。20世紀に入り、遺伝的に優れた因子を持つ作物を交配することによって、その子孫から優れた個体を選別するという「交雑育種法」が品種改良の中心になった。

1930年代には放射線を活用して突然変異の幅を人為的に拡大するという「突然変異育種法」が開発された。1960年代からは、バイオテクノロジーによって「組織培養技術」が進歩し、ウイルスフリー苗などが農業に使用されるようになっている。しかし、いずれも、不利な変異が起こるかもしれないという問題があった。

これに対して、遺伝子組換え技術は、変えたくない部分には手をつけないで、作物の形質を左右する別の生物の遺伝子を組み込むことで、改良したい形質のみ変化させる。ゲノム編集は、ゲノムと呼ばれる遺伝子情報を切断したり、切断したところに別の遺伝子情報を組み込んだりするものである。２０１３年に切断する酵素としてクリスパー・キャスナイン（CRISPR/Cas9）が開発されて、応用される分野や可能性が拡大された。

遺伝子組換え技術は、他の生物の遺伝子を挿入するという自然界では起こりえないことを人為的に実現するものだが、ゲノム編集は、その生物自体の遺伝子を切断するだけで品種改良を実現する。これは自然界に見られる突然変異や従来の作物改良と異なるものではないと主張される。２０２０年12月、この技術を活用して、血圧の上昇を抑えるＧＡＢＡというアミノ酸を多く含むトマトを、筑波大学教授たちが開発している。

これまで、世界の穀物・食料生産は人口の爆発的増加を上回って拡大してきた。農地面積はほとんど変わらないので、この飛躍的な生産増加をもたらしたのは、品種改良を柱とする単収（単位面積当たりの収量）の増加である。この点で、ゲノム編集には、大きな期待が寄せられている。これまでの品種改良が階段を一段ずつ上るようなものだったとすると、ゲノム編集というエレベーターで一気に5階まで上がることができるかもしれない。

動物についても同様に野生動物を家畜化した。家畜についても、一定量のエサからできる限り多くの肉を生産できる増体能力の高い家畜や乳量の多い牛に改良した。精子の凍結保存技術による人工授精によって、優秀なオスの遺伝子を持った牛を、オスの死後も大量に（自然交配では年間１００頭、人工授精では数万頭のメス牛の妊娠が可能）生産することが可能になっている。優秀なメス牛に複数排卵させこれを人工授精した受精卵を別のメス牛の胎内に移植する受精卵移植技術も実用化されている。

食の量的確保と安全性確保

食料危機が起きるときは、生命を維持するために、いかに必要なカロリーを供給できるかが問題となる。海外から小麦も牛肉も輸入できないような事態では、今のような豊かな食生活は維持できない。

戦中戦後の食糧管理法による米の配給は、一人一日当たり2合3勺（３３０g）だった。今の倍以上の米を消費しても飢えに苦しんだ。ほとんど米しか食べていなかったのである。戦後の食料難の時代、飢えを満たすことが最大の目的だった。このため国民は安全性に問題があるような食品も消費した。酒の代わりに工業用のメチルアルコールを飲んで失明した人も出た。

飢餓が遠のくにつれ、また所得が上昇するにつれ、国民・消費者の安全性に対する要求が高まった。量への不安から安全への不安に、国民消費者の関心は移行したのである。

現在の消費者団体は、農産物の価格の高さより食の安全に強く反応する。我が国でＢＳＥ感染牛が発見された際、牛肉価格は暴落し、牛肉市場は崩壊した。しかし、これが終戦直後に起こったなら、ＢＳＥに感染しているかもしれない牛の肉でも国民は喜んで消費したに違いない。食料危機のときには、遺伝子組換え農産物やゲノム編集農産物への懸念は吹っ飛んでしまうだろう。

シーレーンが破壊されて輸入が途絶したなら、現在の農業生産にわずかな備蓄を加えたものが供給されるだけになる。国際市場で供給される穀物等の価格が安く、日本人の所得なら十分すぎるほど購入できても、その穀物等には物理的にアクセスできない。遺伝子組換え農産物だから食べたくないという贅沢は許されなくなる。

食料品の需要は価格非弾力的だということを思い返していただきたい。供給が少し減少しただけで、価格は高騰する。国際市場から遮断された国内市場で、生存に必要な量の半分しか供給量がないとどうなるだろうか？　食べなければ生きていけないとなれば、金持ちはどんな値段でも買うだろう。今10kg３０００円で買える米が10万円となったらどうだろう。貧しい消費者は食料を買うお金がないので、餓死者が出る。戦中戦後、これを避けるために実施されたのが、政府が（ヤミ）市場での価格より安い価格で一定量を国民に一律供給する〝配給制度〟だった。しかし、農家は高く売れるヤミ市場に米を流すので、政府は米の集荷に苦労した。占領軍の力を借りた「ジープ供出」も行われた。

このようなことは、実際、途上国では今も起こっている。

食料安全保障といっても、国防などの公共財と異なり、通常の財と同じく市場で供給される。価格が需給を調整するため、市場では常に需要（消費）は供給（生産）に等しくなる。その価格で全ての人が食料を購入できれば、飢餓は生じない。

世界の食料供給は世界の人口を養うに十分である。しかし、先進国でたくさんの人が肥満になる一方、８億人の飢餓人口が存在する。途上国には、食料品を購入するだけの所得がない人が多い。彼らにとっては、食料品の価格は高すぎるのだ。国連食糧農業機関（ＦＡＯ）では、食料安全保障（food security）とは、貧しい途上国の人々が食料を十分購入できない状態を改善することを指す。

第二章 貿易から見える世界の食料事情

先進国の農業問題、途上国の食料問題

我々は食料供給の多くを海外に依存している。食料自給率の低さは、これを反映している。国際的な穀物価格が高騰すると、日本は買い負けるなどと危機感を煽る主張が行われる。ただし、これまで我が国が必要な穀物を輸入できなかったことはない。

ここでは、農産物貿易交渉に携わった私の目を通して、重要だと思われる食料・農産物の国際貿易の特徴を説明したい。食料・農産物貿易には、不安定性もあるし安定性もある。その特徴を理解することで、世界各国の食料や農業に関する事情も見えてくる。

我々は、先進国が工業製品を輸出し、途上国が農産物を輸出するというイメージを持っている。これは正しくもあるし、間違ってもいる。我々がカロリー供給を依存している穀物や畜産物の貿易については、これは間違いである。

表1は、小麦の輸出と輸入の上位10ヶ国を示したものである（2020年）。輸出国に先進国が、輸入国に途上国が、多いことがわかる。小麦貿易の実態は、我々が持っているイメージとは異なっている。

表1　小麦の輸出国と輸入国(2020年)

	輸出量（トン）		輸出額（1000ドル）	
1	ロシア	37267014	ロシア	7918294
2	アメリカ	26131626	アメリカ	6318111
3	カナダ	26110509	カナダ	6317889
4	フランス	19792597	フランス	4528591
5	ウクライナ	18055673	ウクライナ	3594217
6	オーストラリア	10400418	オーストラリア	2698498
7	アルゼンチン	10196931	ドイツ	2105865
8	ドイツ	9259493	アルゼンチン	2029494
9	カザフスタン	5198943	カザフスタン	1137140
10	ポーランド	4689130	ポーランド	1047399

	輸入量（トン）		輸入額（1000ドル）	
1	インドネシア	10299702	エジプト	2693851
2	トルコ	9659186	インドネシア	2616037
3	エジプト	9042583	トルコ	2334510
4	中国	8151572	中国	2260233
5	イタリア	7994396	イタリア	2039111
6	アルジェリア	7053568	アルジェリア	1828931
7	ブラジル	6159926	フィリピン	1573208
8	フィリピン	6150375	日本	1524539
9	バングラデシュ	6014980	ナイジェリア	1483996
10	ナイジェリア	5902528	ブラジル	1459354

出所：FAOSTATより筆者作成

我々の理解と異なり、なぜ途上国ではなく先進国が輸出国になるのだろうか？

国全体の食料消費量は、一人当たりの消費に人口を乗じたものである。

一人当たりの消費量については、戦後の日本で見られたように、所得が低水準から増加する局面では、穀物を直接消費する量は減少して、食肉や牛乳・乳製品など畜産物の消費量が増加する。1kgの食肉生産のためには、鶏卵3kg、鶏肉4kg、豚肉7kg、牛肉11kgのトウモロコシが必要となる。草をエサにしていた酪農でも穀物をエサにする割合が増えている。この結果、所得が増加して畜産物への需要が増えると、穀物を直接消費していた時代と比べ、穀物需要は大幅に増加する。

しかし、一定の発展段階に達したあとは、所得が増えても、一人当たりの食料消費量はそれほど増加しない。飽和状態になるのである。日本の場合、高度成長を経て、牛肉、チーズ、ワインなど高価な飲食料品を摂るようになり、食生活は格段に豊かになった。しかし、最近では、健康志向の高まりを反映して、一人当たりのカロリー摂取量は、終戦直後の水準と同じかそれを下回るまで低下している。

短期的に穀物価格が上昇すると中国の爆買いのせいだといわれる。しかし、中国の一人当たりの食肉消費量はすでに日本をかなり上回る水準に達しており、その人口は高齢化し（胃袋の縮小）、減少していく。中長期的に見ると中国が食料価格上昇の大きな原因になるとは考えられない。

以上は、一人当たり食料消費の質的変化である。食料消費全体は人口に比例する。人口が2倍になると、胃袋の数も2倍になる。途上国においては、人口の大幅な増加により食料需要は顕著に増加した。

緑の革命と限界

食料を供給する側の農業について見ると、機械化や品種改良などの技術進歩、肥料・農薬の活用などにより、先進国において生産性は飛躍的に上昇した。

戦後アメリカでは、農業の生産性は工業を上回った。これに対して、途上国では、技術進歩や資本の蓄積は限定されたものだった。

途上国でも、増産に向けた取り組みは行われた。米と小麦の高収量品種の開発は、１９６０年代後半までにアジアと南アメリカの熱帯地域で〝緑の革命〟といわれる穀物増産をもたらした。その際、高い収量を上げるためには、多くの穀実を維持できるよう背の低い品種でなければならなかった。背が高いと、倒伏してしまうからである。小麦の品種開発には、日本で開発された半矮性《はんわいせい》品種、農林10号が用いられた。

しかし、それらの品種は十分に肥料を投下しなければ高い収量を上げることができなかった。

このため、２０２２年の肥料価格の上昇は肥料を多用するタイ等の米作に悪影響を与えた。タイなど東南アジアの洪水の多い地域では、水量が多くなり水位が上昇すると、茎が十数メートルも伸長する浮稲という品種が栽培されている。このような地域で背の低い品種を栽培するためには、水の管理ができなければならなかった。

また、緑の革命は米と小麦に限られ、アフリカの常食である雑穀、豆類、イモ類には及ばなかった。緑の革命は、一部の途上国で単収（単位面積当たりの収量）を向上させたが、途上国全体の窮状を救うものではなかった。

戦時中から1995年まで統制管理された日本の米

なお、我が国では、米も麦も戦時中から１９９５年まで食糧管理制度という政府の統制管理下に置かれ、価格も政府によって決定されていた。米については市場経済は存在しないという建前の制度だったので、価格の変動や低下は起きない仕組みになっていた。終戦直後のように、ヤミ市場の価格が高い場合には、農産物はそちらに流れていったが、政府が生産者米価を引き上げると、農家は政府に売る方が有利と考えるようになり、ヤミ市場は縮小していった。

麦については１９５２年、市場を前提として政府の価格が有利であれば政府に売ればよいという間接統制の制度に移行した。これに対して、米は一切市場流通を認めないという直接統制の制度をとり続けた。これは、戦後しばらくは配給物資として米が重要だったという理由があった（与党有力政治家からはヤミ価格の方が高いので、統制解除＝食糧管理制度廃止の要求もあった）が、高度成長期以降は農業界や政治家が農業保護の減少を恐れて、食糧管理法の改正を一切認めなかったからである。食糧管理法の根幹《こんかん》は貧しい消費者にも一定量を振り分ける配給制度を中心とした消費者保護政策だったのに、同法を生産者保護のために運用したのである。しかし、米価引き上げにより米が過剰になったので、本来は生産者に自家消費以外は全量政府へ売り渡す義務を課していた制度を変更し、政府に売る量を制限するようにした。統制経済なので、生産者から小売業者まで、流通ルートは厳格に規制された。生産者だけでなく流通業者も、市場経済の下で、自由に生産し販売するようなことは認められなかった。先進国の中でも、日本は主食である米について特殊な食料政策を採用していたといえる。そして米は、その犠牲となった。

先進国の農業保護と途上国の農業搾取

先進国で農業保護が起きるのは、市場価格が低すぎると農業界が判断するからである。このため、日本では、米については食糧管理制度を利用して生産者米価を引き上げ、バターや脱脂粉乳などの加工原料乳に対しては財政から補助（次に述べる、不足払い）が行われた。

アメリカは、当初高い価格で農業を保護しようとしたが、それでは供給が増え需要が減り過剰が発生するので、１９６０年代から価格は市場に任せ、一定の農家保証価格と市場価格の差を財政で補てんするようになった。これを「不足払い」(deficiency payments)という。

この場合も、農家保証価格は市場価格よりも高く設定されるので、政府の介入がない場合に市場で決定される量よりも、生産は増加し、価格は低下する。

これに対して、ＥＵは、高い支持価格を設定し、市場価格がこれを下回ると政府が買い入れるという仕組みを採用した。市場均衡価格よりも高い価格で保護することで（生産が増えて消費が減る結果）生じた過剰農産物には補助金をつけて国際市場にダンピング輸出した。国際市場での供給が増えて価格が低下すると、農家保護のため、アメリカは不足払い額を、ＥＵは輸出補助金額を、それぞれ増加させた。こうして、１９８０年代、アメリカとＥＵの間で激しい輸出競争が繰り広げられた。

これは、それぞれの政府に重い財政負担として跳ね返ってきた。解決するためにアメリカが開始したのが、ガット・ウルグアイ・ラウンド交渉であるといっても過言ではない。この交渉の結果、ＷＴＯ（世界貿易機関）が設立され、農業については、輸入の関税や数量制限、（ＥＵの）輸出補助金だけでなく（アメリカ、ＥＵ、日本などの）国内の補助金も規制されることになった。ＥＵは、過剰生産を抑制して、輸出補助金削減などの約束を実行できるよう、価格を下げて財政による直接支払いで農家所得を維持する方向へと、農政を大きく転換した。

日本だけ生産減少の道へ

先進国では、需要がそれほど増加しないのに、供給が大きく増加したために、大幅に穀物価格が低下した。その一方で、(需要が価格非弾力的なため)売上高が減少して農家所得が低下したので、政府による農業保護が増大した。これが、さらに生産を刺激して穀物供給を増加させた。こうして、先進国は輸出国としての地位をいっそう高めることになった。

ただし、EUと同じく価格支持(高い米価)で農家を保護した日本は、過剰については輸出補助金ではなく減反という生産減少で対応した。このため、EUと異なり輸出国となることはなかった。また、農林水産省も外国の農業から国内市場をいかに守るかだけを考え、海外市場を開拓するという考えは持たなかった。これに対して、EUでは海外市場の確保に重大な関心を持つ農業国フランスが、EUの共通農業政策の形成に指導的役割を果たした。

逆に、途上国では、人口増により需要が大きく増加したのに、供給の増加が需要の増加に追い付かなかったため、国内の農産物価格は上昇した。国際価格の方が国内の価格よりも低いので、輸入が行われるようになった。この結果、途上国の国内価格も、輸出国での価格(国際価格)に輸送経費を加えた水準まで低下する。途上国の消費者にとっては安い食料を購入できて好ましいことだったが、途上国の穀物生産者は安い輸入穀物と競争しなければならなくなった。

先進国が農業保護を高めた一方で、豊富にある労働力を集約的に使用して工業化による経済発展を進めたい途上国では、労働コストを抑制するために食料品・農産物価格を低下させる政策がとられた。労働力を再生産するために、最も重要なのは食料だからである。こうして、先進国とは逆に、途上国では農業搾取政策が行われた。都市部の一人当たり所得が農村部の３・５倍以上にもなる中国の〝三農問題〟は、これが原因である。

終戦後の日本も同じだった。今では信じられないかもしれないが、１９５３年まで日本の米は国際価格より安かった。輸入農産物の方が高かったので、輸入農産物に補給金をつけて安く消費者に販売していたのである。ただし、日本政府は、農地改革で農民の生産意欲を高めるとともに、傾斜生産方式により化学肥料を増産したため、農産物価格を抑えても、農業生産は拡大した。

以上は、ノーベル経済学賞を受賞した経済学者セオドア・シュルツによって、先進国の農業問題、途上国の食料問題と呼ばれたものである。途上国は先進国が生産する輸入穀物に依存するようになった。２０２２年のロシアのウクライナ侵攻をきっかけとする小麦価格の高騰は、中東やアフリカ諸国の貧しい消費者に大きな打撃を与えた。

途上国は何を輸出しているのか?

もちろん途上国が農産物を輸出していないわけではない。国連貿易開発会議（ＵＮＣＴＡＤ）によると、輸出金額ベースで、一次産品（農産物だけでなく石炭、鉄鉱石などを含む）の割合が60％を超える国は増加傾向にあり、２０１３～17年で１０２ヶ国、途上国の３分の２を占める。サハラ以南のアフリカ諸国では、その割合は９割。工業化は進んでいないのである。

これらの国の多くは、コーヒー、ココア、バナナ等のモノカルチャー生産から脱却できないでいる。穀物は先進国が輸出し、途上国はコーヒーなどの熱帯産品を輸出しているのである。穀物とコーヒーのバーター取引ととらえてもよい。

途上国では、穀物価格に比べコーヒー等の価格が低下すると、穀物等の食料品を購入することができなくなり、飢餓が発生する。途上国は熱帯産品の生産に適した自然条件を持ち、それらの産品に比較優位を持つとしても、輸出振興のため、多くの途上国が熱帯産品の生産に特化するようになれば、供給が増えて価格が下がる（交易条件が悪化して経済厚生水準が低下する）のは当然だった。

なお、ロシアもウクライナも小麦の大輸出国（それぞれ国としては第1位と第5位）となっている。ウクライナは世界第４位のトウモロコシ輸出国でもある。

１９７３年の食料危機がソ連の穀物大量買い付けによって引き起こされたように、かつてロシアは世界最大の小麦輸入国だった。畜産の飼料効率の改善が国内飼料需要を減少させ、２０

図10　トウモロコシ生産量推移（1992年=100）

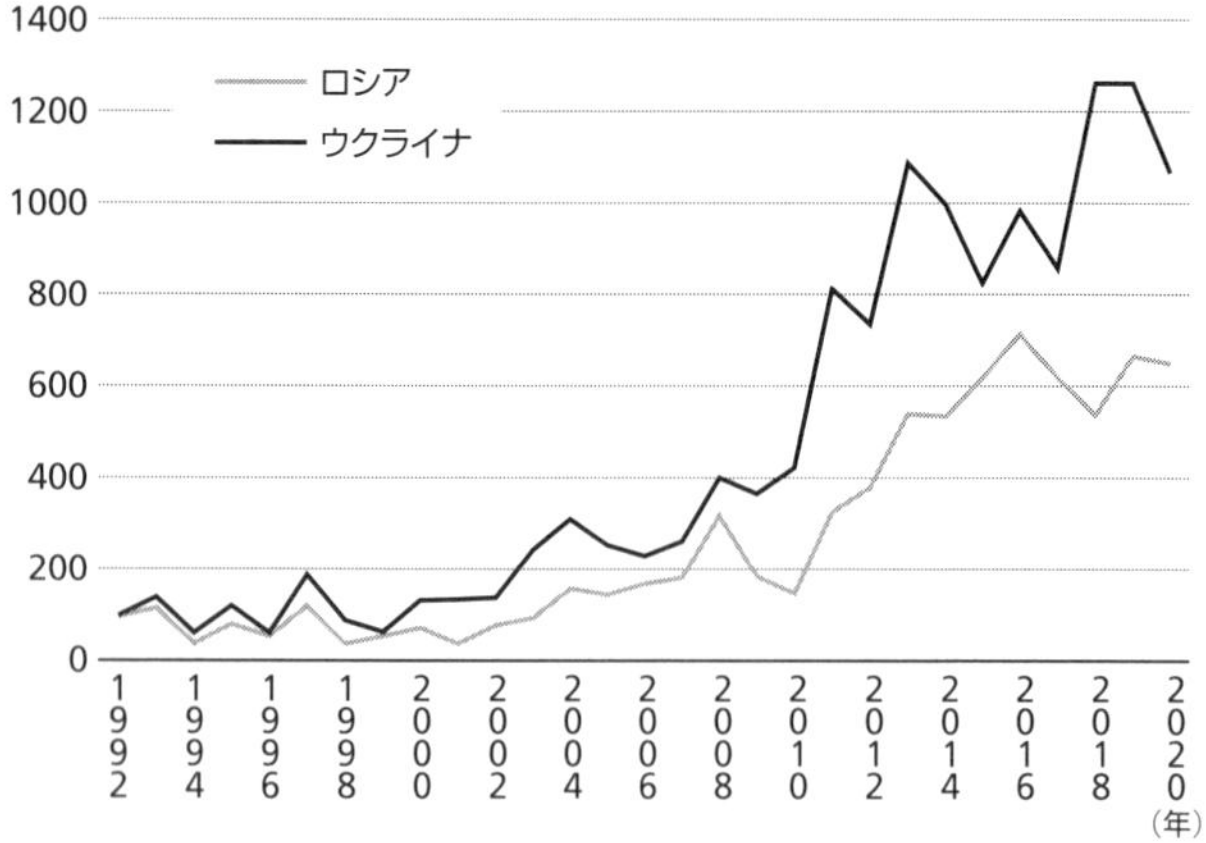

出所：FAOSTATより筆者作成

００年代以降輸出国となった。このため、黒海周辺の両国は、新興輸出国といわれる。ただし、両国の小麦は、品質的には、アメリカ等に劣り、仕向け先としては中東、北アフリカ、サブサハラ諸国が主である。１９９２年以降の約30年間で、トウモロコシの生産は、ロシア５〜７倍、ウクライナ11〜13倍に、それぞれ大きく拡大している（図10）。穀物生産の伸びが鈍化しているアメリカにとって両国はブラジルと並び大きな脅威である。

米の貿易構造は小麦やトウモロコシと異なる

先進国（と中進国）が輸出国になるのは、トウモロコシ、大豆でも同じである。トウモロコシと大豆の輸出については、アメリカ、ブラジル、アルゼンチンが上位3ヶ国を占める。

これに対して、同じ穀物等でありながら、米は例外である。米は、小麦、トウモロコシ、大豆とは、全く異なる貿易構造を持つ。表2が示す通り、米については、輸出国にも輸入国にも途上国が多い。

なお、アメリカ、イギリス、フランスが、輸入額ではより上位にランクインするのは、これらの国は途上国に比べ高い品質（価格）の米を輸入しているためである。輸出では、イタリアも高品質（価格）の米を輸出している。同じアジアの輸出国でも、タイはベトナムよりも高品質（価格）の米を輸出していることがわかる。アメリカと中国は輸出国でもあり輸入国でもある。

しかも、米の貿易は、他の穀物と異なり、極めて不安定であるという特徴がある。これには、二つの理由がある。

図11・12が示すように、各国の生産は安定しているのに、輸出は大きく変動している。

輸出が不安定となる理由の一つは、生産量に比べ輸出量が少ないことである。図13は、輸出量上位10ヶ国の生産量と輸出量の関係を表したものである。輸出量が生産量に占める割合は、インド12％、タイ28％、ベトナム20％、世界全体で9％（2020年）であり、次に述べる小麦や大豆に比べて、輸出に回される量は少ない。

米の国際市場は、小麦の貿易量の4分の1しかない薄い市場（a thin market）である。わずか

表2　米の輸出国と輸入国（2020年）

	輸出量（トン）		輸出額（1000ドル）	
1	インド	14462834	インド	7980028
2	ベトナム	5685849	タイ	3710031
3	タイ	5665164	ベトナム	2790951
4	パキスタン	3944136	パキスタン	2101268
5	アメリカ	2791901	アメリカ	1888782
6	中国	2270515	中国	916644
7	ミャンマー	1845199	ミャンマー	773176
8	ブラジル	1217888	イタリア	712946
9	ウルグアイ	962023	ブラジル	503577
10	パラグアイ	795233	カンボジア	479186

	輸入量（トン）		輸入額（1000ドル）	
1	中国	2901538	中国	1459294
2	フィリピン	1907614	サウジアラビア	1404237
3	サウジアラビア	1535180	アメリカ	1284208
4	コートジボワール	1338285	イラン	990483
5	ガーナ	1319990	フィリピン	862012
6	マレーシア	1218684	イラク	774799
7	アメリカ	1182701	イギリス	624514
8	セネガル	1126949	ガーナ	624184
9	イラン	1112165	コートジボワール	613724
10	モザンビーク	1059592	フランス	587601

出所：FAOSTATより筆者作成

図11　米生産量推移

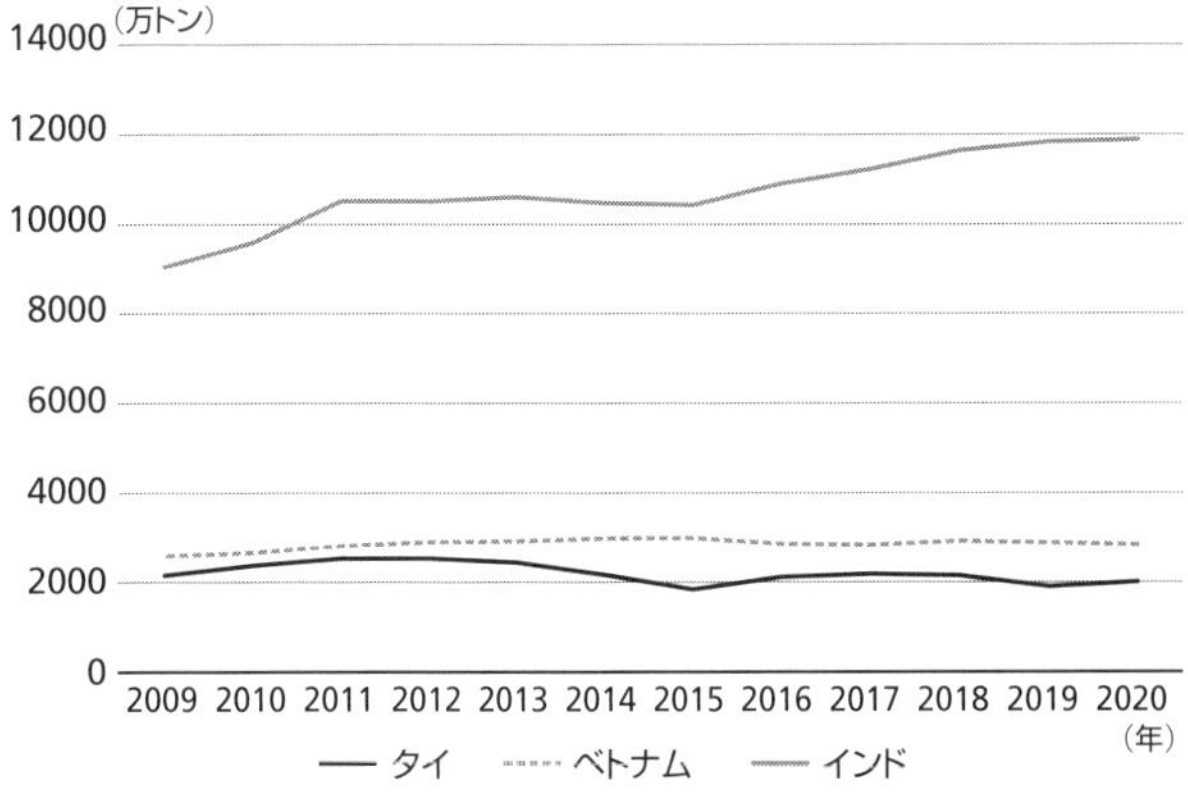

出所：FAOSTATより筆者作成
注：精米ベース重量を用いた

図12　米輸出量推移

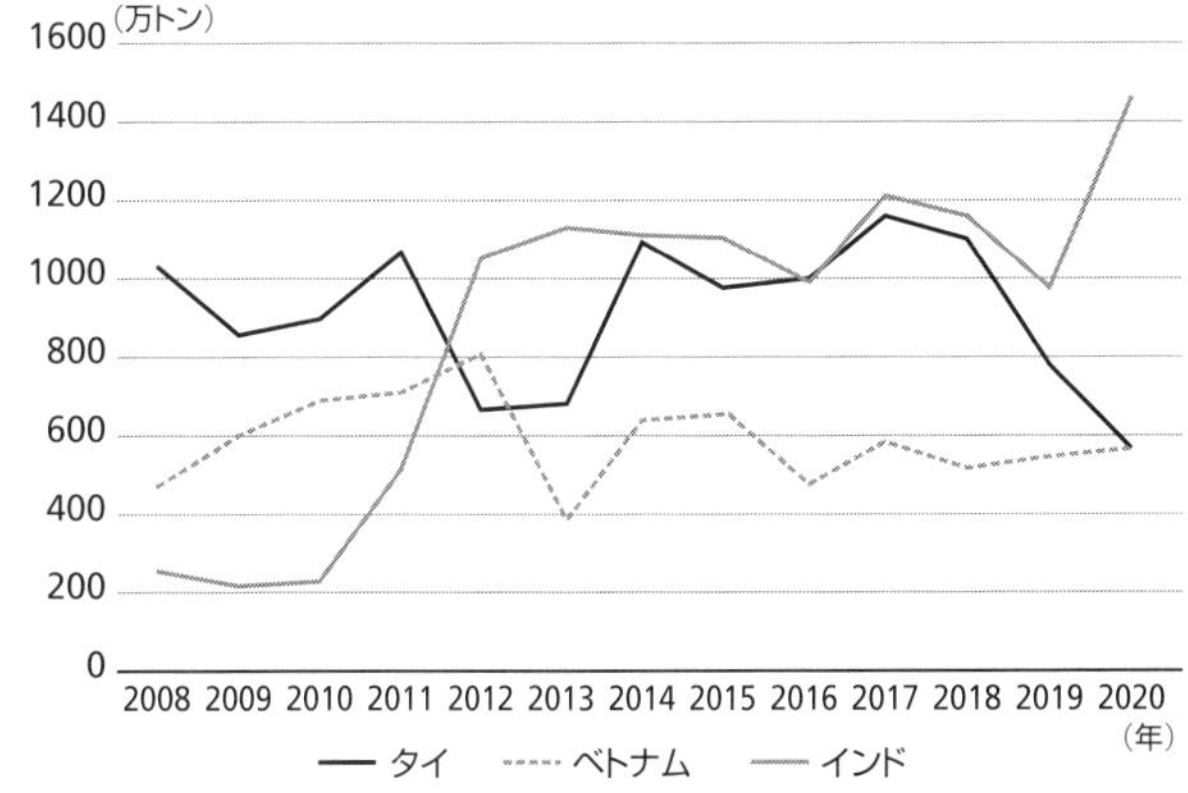

出所：FAOSTATより筆者作成
注：精米ベース重量を用いた

図13　米生産量・輸出量（2020年）

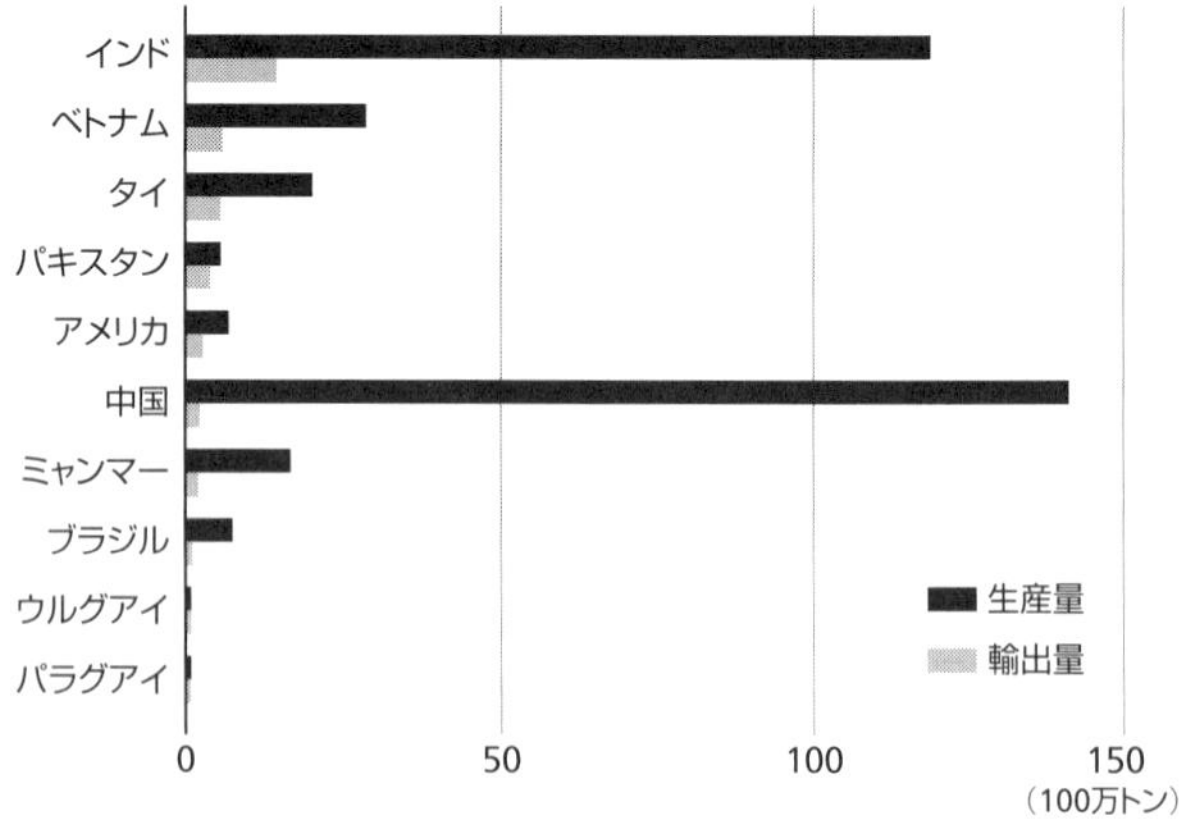

出所：FAOSTATより筆者作成

の豊凶の差によって、貿易量は大幅に増減する。インドの米輸出は２０１０年に２００万トン程度だったが、２０２０年には１４４６万トンと約7倍になっている。しかし、それでも1億2０００万トンの生産量のわずか12％にすぎない。12％の生産減少で、輸出はゼロとなる。このように限界的な生産量が輸出される場合、生産は安定的でも、貿易は大きく変動する。

2008年に米の輸出を禁止したインドの事情

米の貿易が不安定となるもう一つの理由は、それが途上国によって輸出されていることである。輸出国の上位3ヶ国はインド、ベトナム、タイである。これらはいずれもアジアの途上国である。具体的な事例によって、米貿易の特徴を説明しよう。

２００８年に穀物価格が３倍に上昇した。最大の原因は、トウモロコシをガソリンの代わりとなるエタノールの原料として使用することが増えたからだった。アメリカ政府は、地球温暖化対策に有効な燃料（植物が固定した温暖化ガスを放出するだけで、温暖化ガスを増やさない）だという理由で、エタノール生産を振興した。トウモロコシ価格の上昇は、生産や需要の代替性を通じて、大豆や他の穀物にも波及した。これは、その年開かれたＧ８の北海道洞爺湖サミットでも大きな議題となった。食料危機を招いたのはアメリカだという国際的な批判を受けたが、穀物価格上昇で農業界の利益が増加したアメリカは政策変更に応じようとしなかった。

インドやベトナムは米の輸出を禁止した。インドやベトナムが不作だったわけではない。アメリカのエタノール政策によって、穀物、とりわけ米の国際価格が高騰しただけである。

しかし、自由な貿易に任せると、米は価格が低いインド国内から高い価格の国際市場に輸出される。そうなれば、国内の供給が減って、国内の価格も国際価格と同じ水準まで上昇してしまう。

収入のほとんどを食費に使う貧しい人は、食料価格が２倍、３倍になると、食料を買えなくなり、飢餓が発生する。インドはこれを防ごうとしたのである。ベトナムもインドに追随した。一方、かつては輸出制限を行っていたタイは、所得水準が上昇しているので、同調しなかった。

このようなインドやベトナムの行為は、国際市場への輸出を減少させて、国際価格をさらに押し上げ、フィリピンなどの輸入国の貧しい人に影響を与えた。しかし、国際社会は、国内で飢餓が発生するかもしれないインドなどに、輸出しろとはいえない。しかも国際価格の高騰にインドは何らの責任もない。

アメリカは穀物の輸出制限をするか？

では、米以外の穀物の大輸出国であるアメリカ、カナダ、オーストラリア、ブラジルなどが、輸出制限をするだろうか？　ＴＰＰ交渉をめぐって、ある農業経済学者は、アメリカは農産物を戦略物資として使うと主張した。関税がなくなって日本農業が壊滅したあとに、穀物等を禁輸されたら大変なことになるというのだ。これは本当だろうか？　主張している本人は、騙そうという気持ちはないのかもしれない。しかし、これは、国際的な農産物貿易についての基礎的な知識を欠いた主張である。

これら輸出国では、米と違い、生産量の相当部分が輸出に向けられている。

小麦の場合、輸出が生産に占める割合は、ロシア43％、アメリカ53％、カナダ74％、ウクライナ72％、オーストラリア72％、アルゼンチン52％となっている（図14）。大豆では、ブラジル

図14　小麦生産量・輸出量（2020年）

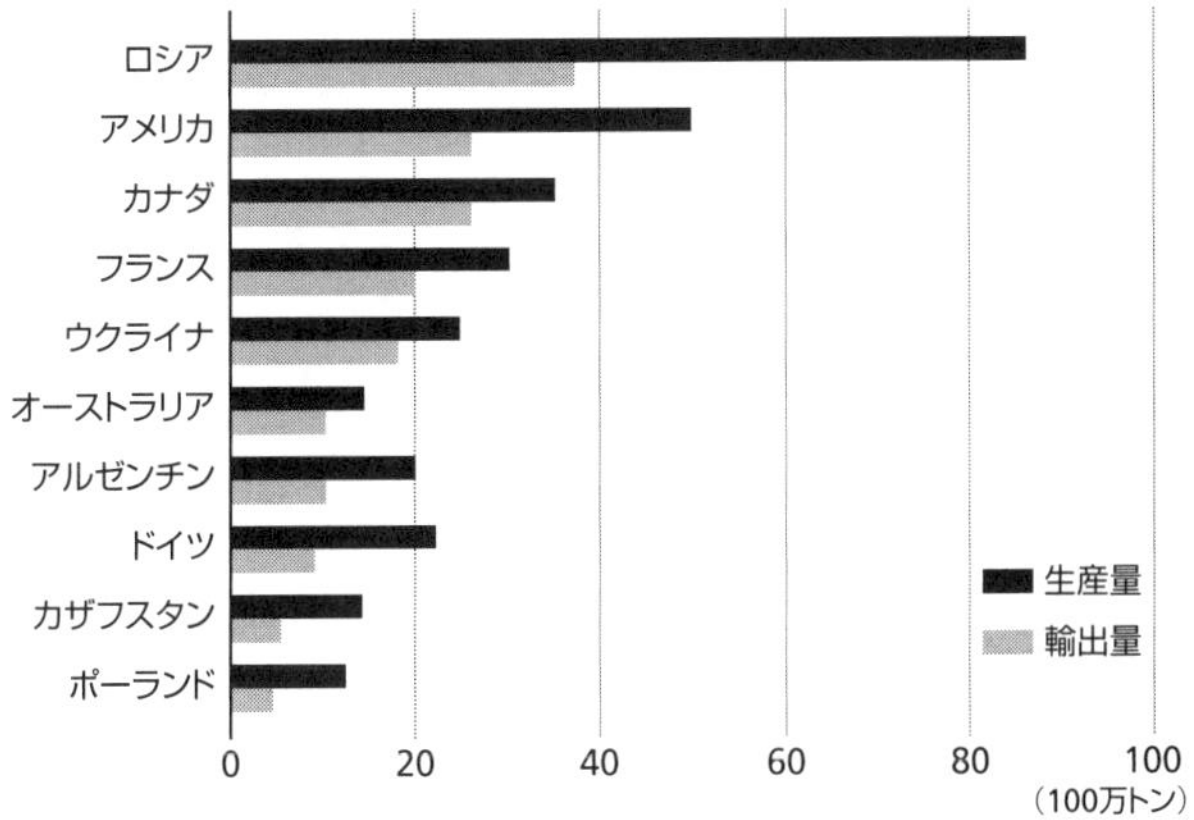

出所：FAOSTATより筆者作成

図15　大豆生産量・輸出量（2020年）

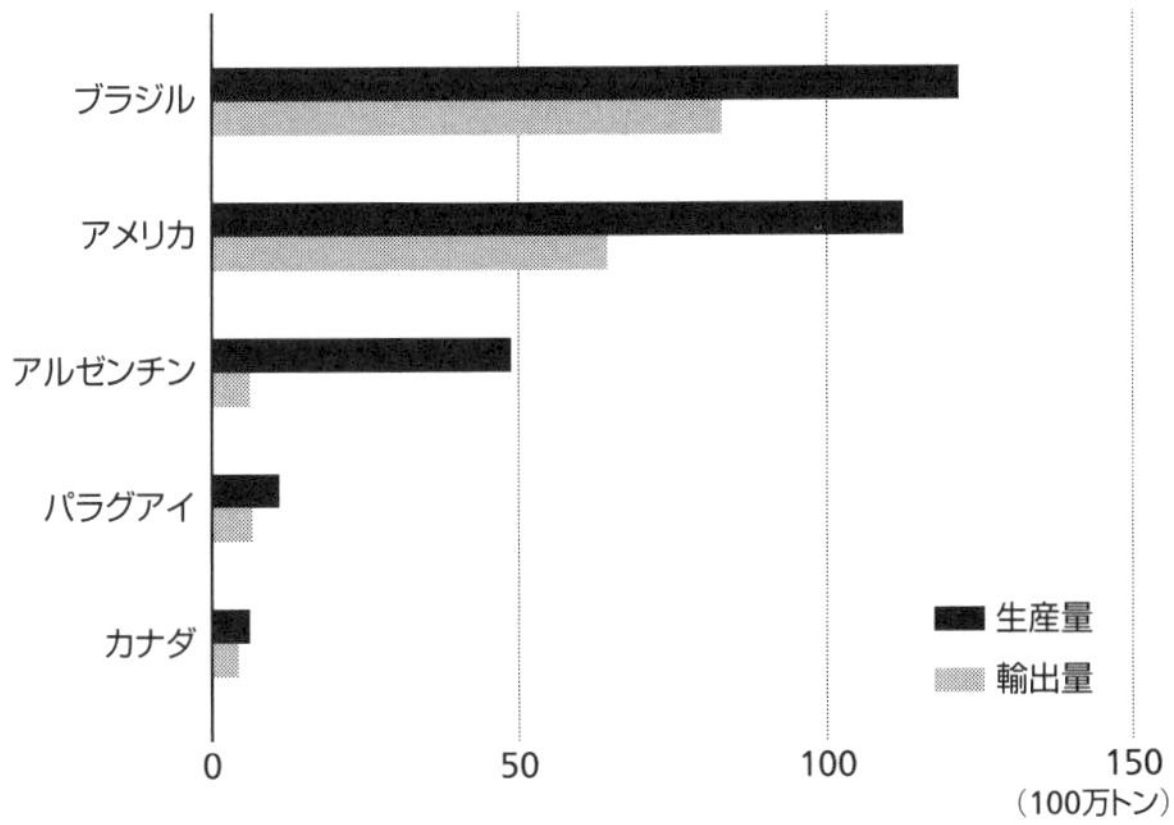

出所：FAOSTATより筆者作成

図16　トウモロコシ生産量・輸出量(2020年)

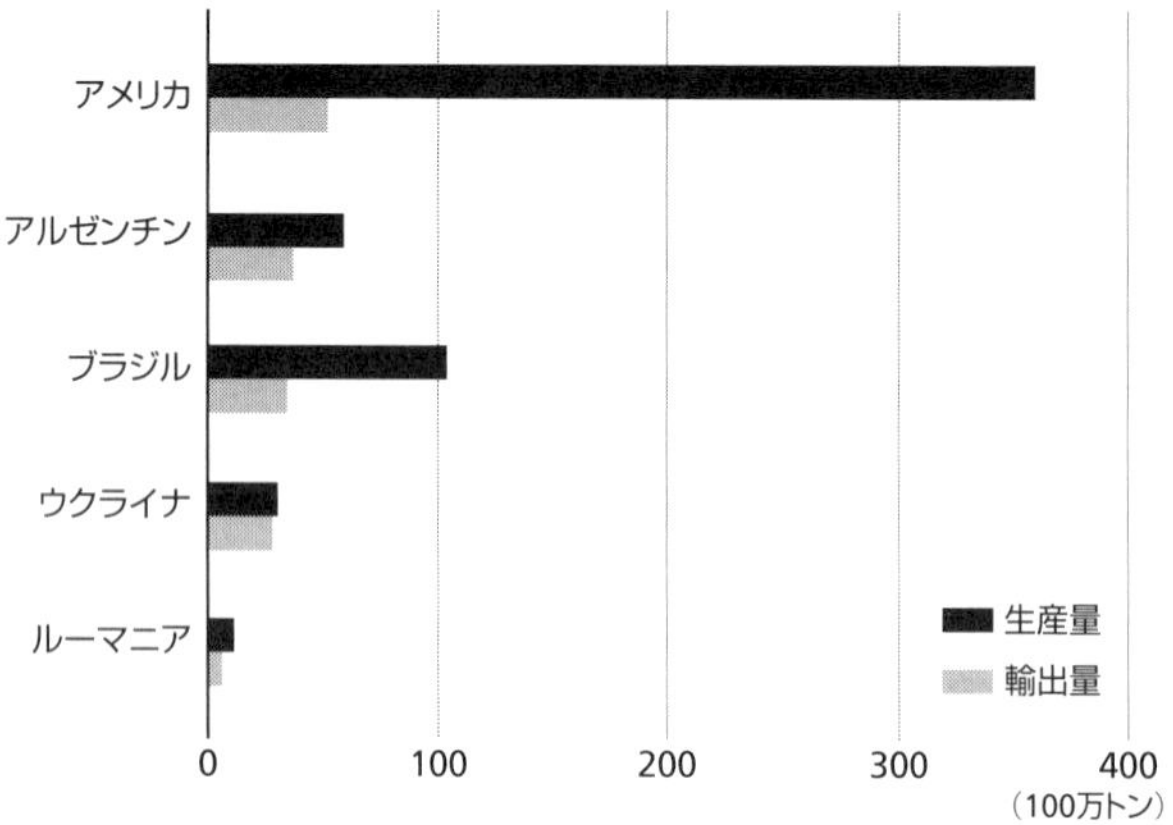

出所：FAOSTATより筆者作成

68%、アメリカ57%、アルゼンチン13%である(図15)。

アルゼンチンの大豆輸出が少ないのは、国内で大豆油に加工し、付加価値をつけてから輸出するため、大豆には輸出税を課して輸出を制限しているからである。同国は大豆油を通して大豆を輸出している。

アメリカやオーストラリアが穀物を輸出するのは、国内の消費量に比べて生産量が多いので、貿易をしなかった場合の国内価格が、国際価格よりもかなり低いからである。国際価格がいくら下がっても、輸入国になるという事態は想定されない。国際価格が低下しても、アメリカが穀物の輸出を止めて輸入したことはない。輸出を止めると、これまで供給されていた量の倍以上が国内市場に供給されることになる。食料の需要は価格非弾力的だから、国内価格は暴落する。国際価格が低下するのは、豊作などでこれらの国が輸出量を増やしすぎた場合が多い。

なお、トウモロコシについては、アメリカが世界最大の生産国であり輸出国でもある。そのアメリカの輸出比率は、国内の畜産やエタノールの高い需要によって14％と低くなっているが、これに続く輸出国については、アルゼンチン63％、ブラジル33％、ウクライナ93％となっている（図16）。

先進国は価格上昇を許容できる

次に、これらの輸出国は豊かな先進国だということである。ロシア（２００８年、２０１０年、２０２０年に輸出規制をした）やウクライナを除き、価格が上がっても、先進国なので消費者は食料を買うことができる。輸出を規制する必要はない。アメリカでも日本でも、食料支出のほとんどは加工・流通・外食の取り分であり、農産物の占める割合は10～20％程度にすぎない。２００８年のように穀物等の価格が大幅に上昇しても、全体の食料支出にほとんど影響しない。

価格上昇時は、主要輸出国の生産者にとって稼ぎどきである。輸出制限をすれば、輸出に向けられた膨大な量が国内市場にあふれ、国内価格は暴落し、農家経営は破綻《はたん》する。逆に他の輸出国は、国際市場への供給量が減少して国際価格が上昇するので、利益を受ける。米中貿易摩擦では、中国の輸入制限によって輸出できなくなったアメリカ産大豆は農家の庭先に野積みされ、価格は低下し、連邦政府による巨額の支援策が必要となった。このとき、アメリカのライバル輸出国であるブラジルは対中輸出を独占して大きな利益を得た。アメリカが輸出制限を行った場合にも同様のことが起きる。２０２２年、ウクライナからの小麦輸出の減少によって他の主要輸出国の農業者は価格上昇の利益を得た。

よくアメリカなど特定の国からではなく輸入先を分散、多角化すべきだと主張される。しかし、これらの国が輸出制限を行わない以上、その必要はない。農林水産省自身、小麦の国家貿易では、この半世紀以上、アメリカ（２０１６〜２０２０年平均のシェア50％）、カナダ（同33％）、オーストラリア（同17％）以外の国からはほとんど輸入していない。

小麦貿易について、ロシアは例外である。これまでロシアは国際的な穀物価格が高騰した際、輸出制限を行ってきた。インドと同様、自由に輸出が行われると、価格の低い自国から国際市場に穀物が供給され、国内の供給が減少し、価格は国際価格と同水準になるまで上昇する。このとき、所得の高いアメリカやカナダなどと異なり、ロシアのように、所得が低く、そのかなりの部分を食料品に割いている国では、穀物価格上昇に国民が耐えられなくなるからだ。輸出を制限すると、国内価格を国際価格よりも低く抑えることができる。

ウクライナ侵攻後、ロシア政府は、２０２２年3月14日にベラルーシやカザフスタンなどの近隣諸国への小麦など穀物の輸出を一時的に制限することを決めた。欧米等による経済制裁を受けたロシアでは、ルーブル安などで生活物資の価格が上昇した。自給できる小麦などの穀物価格は低く抑え、国民生活の負担をできる限り少なくしようとしたのだろう。ロシアにとってベラルーシは、ウクライナ侵攻の直前まで共同軍事演習を行い、またウクライナへの派兵を要請したと報道されるくらいの同盟国である。そのベラルーシへの輸出を制限しなければならないことは、ロシアの国民生活が相当厳しい状況に追い込まれていたことを示唆している。

アメリカが失敗した輸出制限

過去、アメリカが輸出制限をした例が二回ある。

１９７３年、アメリカが家畜のエサとして利用していたペルー沖のアンチョビーが不漁になったため、アメリカでは、その代替品として「大豆かす」への需要が増大した。当時、アメリカは世界の大豆輸出量のほとんどを占めていた。そのアメリカが国内の畜産農家への大豆供給を優先するため、わずか２ヶ月間だったが大豆の輸出を禁止した。このため、味噌、豆腐、納豆、醤油など大豆製品の消費が多く、アメリカの大豆供給への依存度の高い日本は混乱した。アメリカは牛や豚のエサに使うために、日本人が味噌、豆腐、納豆、醤油として食べるために必要な大豆を禁輸したのである。

図17　大豆の輸出量推移

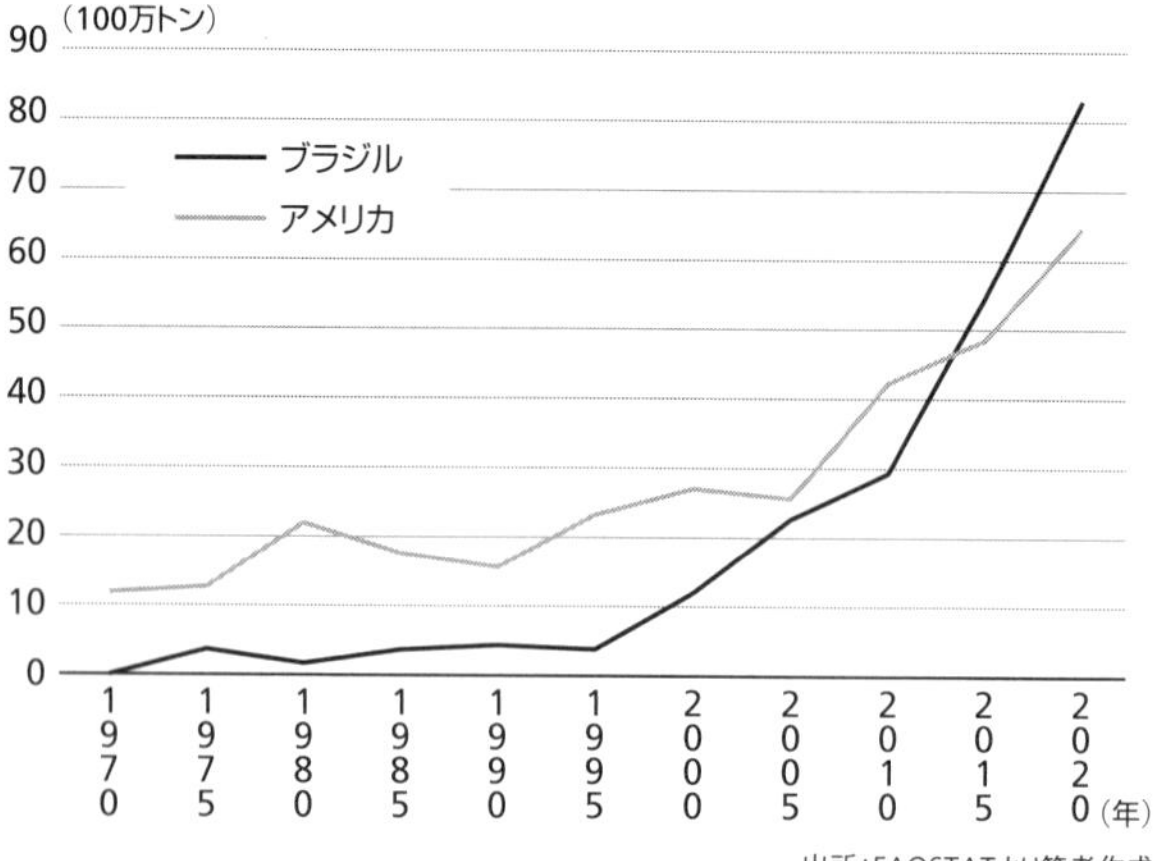

出所：FAOSTATより筆者作成

将来の供給不安を覚えた日本は、ブラジルのセラードと呼ばれる広大なサバンナ地域の農地開発を援助した。以来ブラジルの大豆生産は急激に増加した。1961年に比べると2020年は449倍である。世界の大豆生産に占めるブラジルとアメリカのシェアは、1961年は1・0％、68・7％と圧倒的な差があったものが、2020年ではブラジルが逆転し、37・2％、28・8％となっている。ブラジルは、瞬《またた》く間に大豆輸出を独占してきたアメリカを凌駕《りょうが》する大輸出国になってしまった（図17）。

1979年アフガニスタンに侵攻したソ連を制裁するため、アメリカはソ連への穀物輸出を禁止した。しかし、ソ連はアルゼンチンなど他の国から穀物を調達し、アメリカ農業はソ連市場を失った。慌てたアメリカは、翌年禁輸を解除したが、深刻な農業不況に陥り、農家の倒産・離農が相次いだ。独占的な輸出国でない限り、外交・政治的観点から戦略的に穀物を利用することはできない（1973年の大豆禁輸の際にアメリカ農業にただちに被害が起きなかったのは、禁輸の期間が短かったことに加え、当時アメリカが大豆の輸出を独占していたためである）。そもそもアメリカのような主要輸出国が輸出を制限すると、国際市場での供給減少により国際価格が上昇し、カナダ等の他の輸出国が利益を受ける。他方で自国には輸出に向けていた穀物が流入し、価格は低下する。わざわざ、自国が不利になり、ライバル国が利益を受けるような行動をとるはずがない。

二度の失敗に懲りたアメリカは、もう輸出制限をしようとはしない。

輸出制限をめぐる国際規律の限界

ガット・ウルグアイ・ラウンド交渉の最終局面で、食料輸入国である日本は、食料安全保障の観点から、輸出制限を禁止すべきだという提案を行った。

スイス・ジュネーブで交渉に当たった私は、輸出国であるアメリカは義務を負わされることになるので反対するのではないかと心配したが、アメリカはあっさりと受け入れた。〝輸出規制はしない、自由貿易こそが食料安全保障の途だ〟というのが、その主張だった。二度の失敗に学んだからである。もちろん、途上国や輸入国のために自由貿易がよいと考えたというより、独占的な輸出国でなくなっている以上、輸出制限はアメリカのためにならないと考えたからだろう。

反対したのは、マイナーな輸出国インドだった。

「インドのような国では、作況次第で輸出国になったり輸入国になったりする。食料が足りなくなったときに輸出しろと言われても困る。そもそも自国が困ったときに輸出制限をするのは当然ではないか」という理由だった。前述した米貿易の不安定性を踏まえた主張だった。日本の提案は、輸出制限を行おうとする国はＷＴＯ農業委員会に通報して、輸入国と協議するという規定（ＷＴＯ農業協定第12条）となって実現した。しかし、インドの反対によって純食料輸入途上国には適用しないこととされた。

アメリカのような大輸出国が輸出制限をすることはないし、インドのような途上国が輸出制限をしても、国内に飢餓が生じてまで輸出しろとはいえない。輸出制限についての国際規律は、限界がある。

このような実態も反映して、輸出制限はたびたび行われているにもかかわらず、ＷＴＯ農業協定第12条に基づく通報は、ほとんどない。同条を導入した日本政府も、輸出制限国に真剣に抗議したことはない。世界の食料安全保障の解決のためには、途上国における貧困の解決、食料生産の拡大がより重要なのである。

ＷＴＯ農業協定第12条だけでなく、ＷＴＯの規律は、輸出制限行為に対して欠陥を持っている。輸入については、関税も数量制限も規律している。関税はＷＴＯに約束した上限まで設定できるが、数量制限は農業協定で禁止された。これに対して、ＷＴＯ農業協定第12条は、輸出の数量制限について一応の規制はしているものの、ＥＵが１９９５年から97年にかけてとった輸出税については、国際経済学では輸出税も輸入関税も同じ効果を持つ（ラーナーの対称性定理）とされてきたにもかかわらず、規制していない。

輸出税によって、国内価格は国際価格よりも低下する。加工業者は他の国の競争者よりも安い価格で原材料を仕入れることができる。アルゼンチンの大豆と同様、インドネシアやマレーシアなどが丸太に輸出税を課すのは、木材加工品の輸出振興が目的である。輸出税はＷＴＯでは禁止されている輸出補助金と同等の効果を持つ。なお、ＴＰＰでは、域内向けの輸出税は禁止・撤廃された。

このように、一般的には、各国は貿易制度を利用して農林業などの第一次産業よりも加工業を保護する。農産物の加工品の方が農産物よりも関税が高いのが通例である。ＷＴＯでは、これはタリフ・エスカレーションと呼ばれる。国内産業保護のため、加工度が高くなるにつれて関税が高くなるからである。これに対して、日本の場合は、農産物の関税の方がその加工品よりも大幅に高い。日本は、特異な国である。

なお、日本のイニシアティブによってＡＳＥＡＮ諸国と日中韓３ヶ国による緊急米備蓄制度（ＡＰＴＥＲＲ）が２０１２年から実施され、これまでも危機時にはフィリピンなどに米を支援している。食料危機に対処する方法は、備蓄と食料増産である。

穀物価格と原油価格の連動

トウモロコシの最大の生産国はアメリカである。この15年ほどの間、エタノール向けのトウモロコシ生産は約5倍に増加した。現在では、エタノール向けは飼料向けと同程度となり、この二つがトウモロコシ用途全体の7割超を占める。輸出は、約1～2割程度である。なお、２０００年代に入り、アメリカでは小麦の作付け面積が減少して、収益の高いトウモロコシ及びその輪作作物である大豆の作付け面積が増加している。

トウモロコシの需要は、エタノールを通じて、原油の需給に大きく関連する。作物自体の豊凶変動にも左右されるが、トウモロコシ等の穀物価格は原油価格とも連動するようになったのだ（図18・19）。穀物価格の動向を見るとき、原油価格やアメリカのエネルギー政策についても注意することが必要である。

図18　WTI原油価格の推移（1982～2022年）

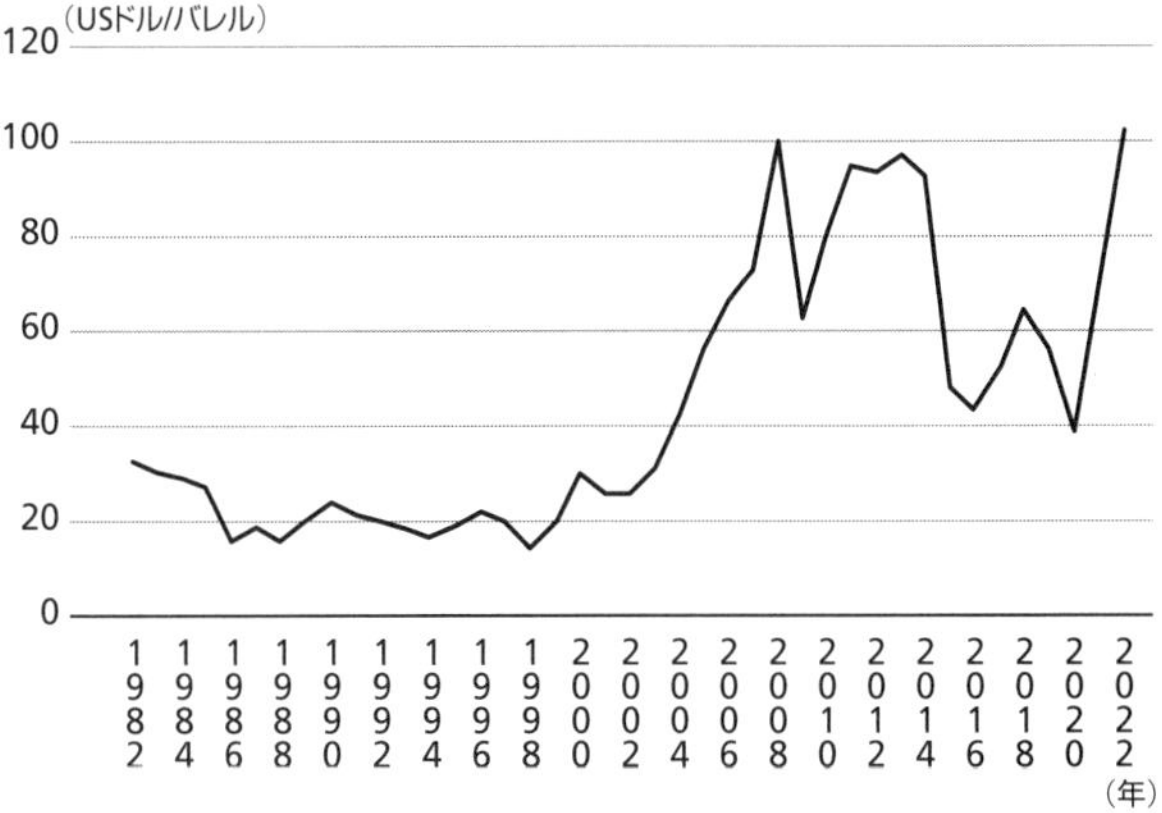

出所：The World Bank "Commodity Markets Outlook" より筆者作成
注：2022年のデータとして4月の数値を用いた

図19　トウモロコシ価格の推移（1980～2022年）

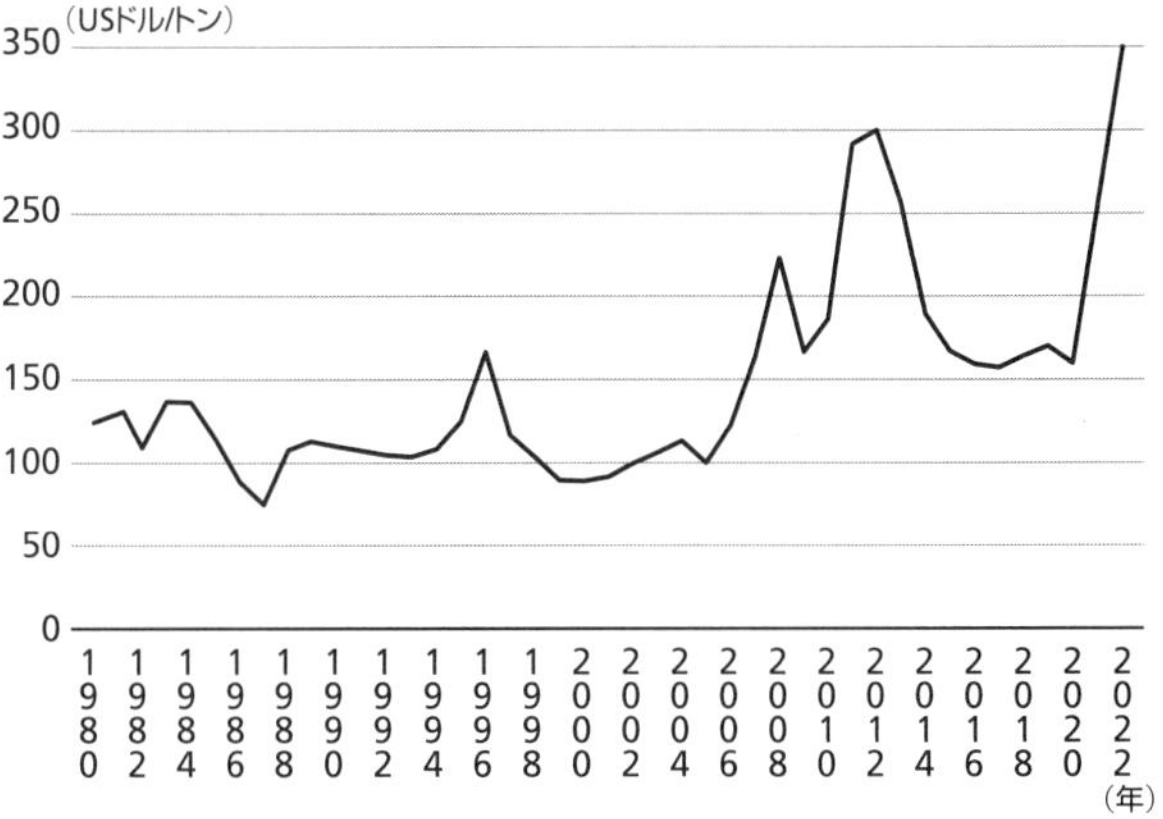

出所：The World Bank "Commodity Markets Outlook" より筆者作成
注：2022年のデータとして4月の数値を用いた

図20　農産物輸出額（2020年）

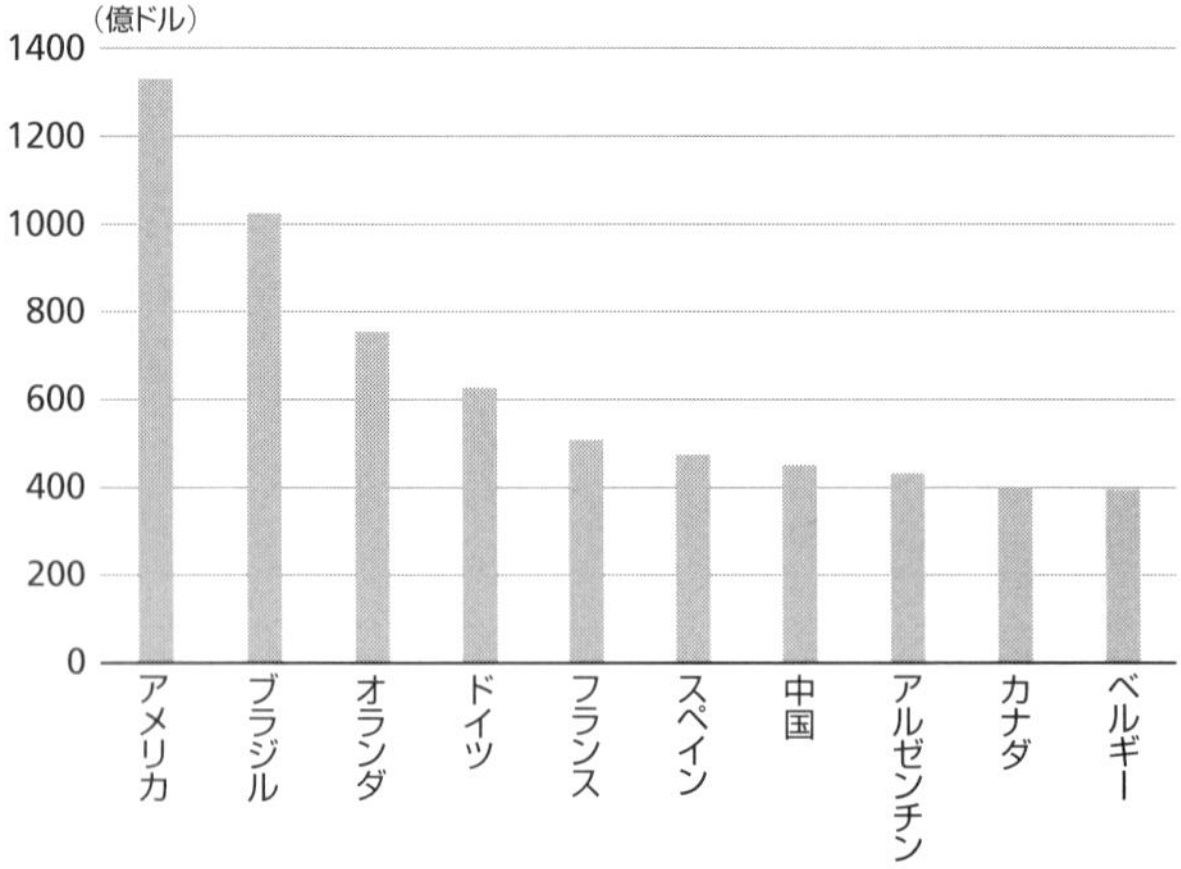

出所：FAOSTATより筆者作成

図21　農産物輸入額（2020年）

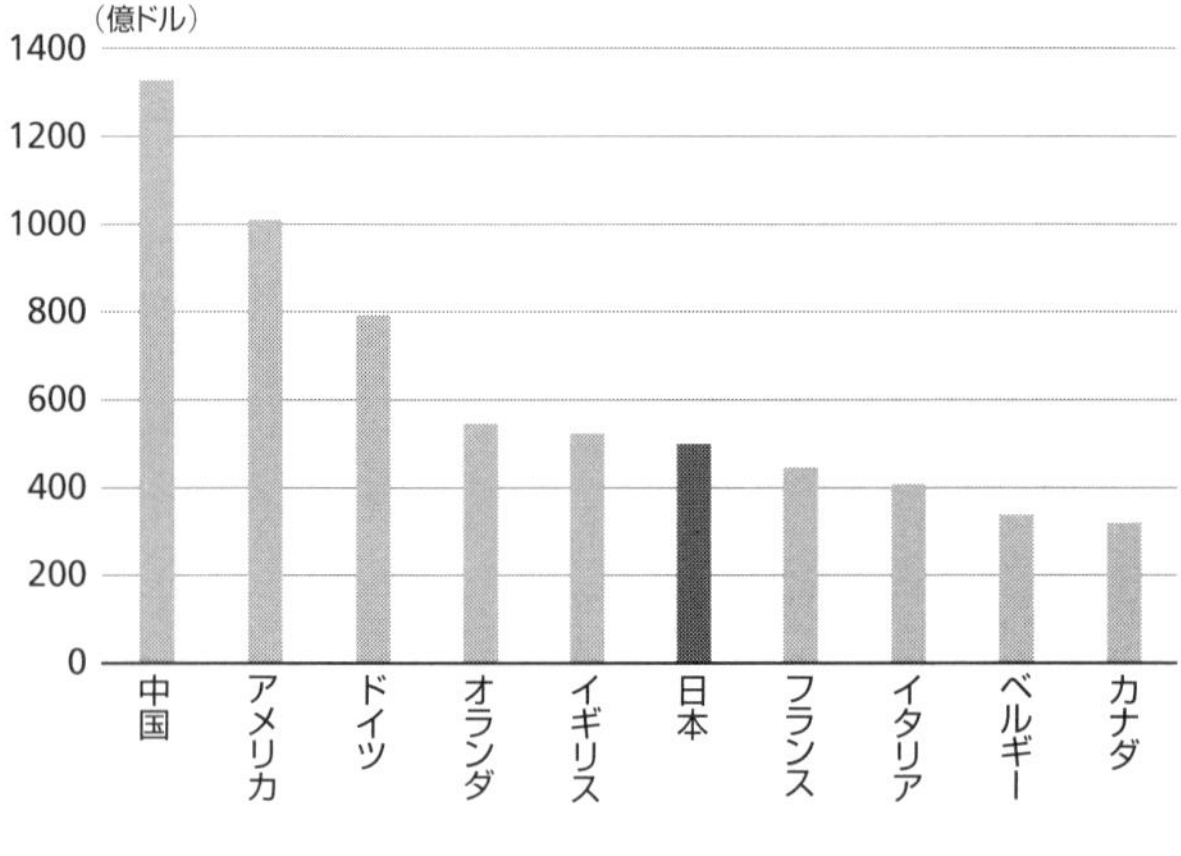

出所：FAOSTATより筆者作成

農作物全体では上位の輸出国と輸入国がほぼ同じ

穀物については、先進国が輸出国で、途上国が輸入国となっていると述べた。また米について輸出も輸入も行っている国は、上位10ヶ国ではアメリカと中国だけだった。

図20・21は、農産物全体の輸出入の上位10ヶ国である。ここでは、輸出入とも先進国が多く、7ヶ国がどちらにもランクインしている。アメリカは世界最大の輸出国であると同時に、1位、2位を争う大輸入国である。

しかし、穀物貿易とは、顔ぶれが異なっている。図14（73ページ）で見た小麦の輸出国と農産物全体の輸出国を比較してみよう（輸出額での比較）。小麦の輸出国のうち、第1位のロシア、第5位のウクライナ、第6位のオーストラリア、第9位のカザフスタン、第10位のポーランドの5ヶ国は、農産物全体の輸出上位10ヶ国には入っていない。

安価な穀物と高価な野菜・果実、畜産物

なぜ、農産物全体になると、穀物の貿易構造とは別のものになるのだろうか？

小麦の輸出国は、いずれも土地の広い国である。小麦を含め穀物や大豆、イモなどは、土地利用型農業なので、農業経営体当たりの農地面積が大きいほど、大きくて効率のよい農業機械

を使用することができ、コストは低下する。日本国内でも、小麦生産では、土地が広くコストの低い北海道に勝る地域はない。しかし、その北海道でも、さらに規模が大きいロシアやアメリカなどには敵わない。

私は、世界最大の農業機械メーカー、ディア・アンド・カンパニーのＣＥＯから、ロシアでは１００万ha規模の農業経営があると聞いたことがある。トラクターで農場を一往復するだけで一日かかるそうだ。日本の農家一戸当たりの農地面積は３ha程度、日本の総農地面積４３５万haからすれば、この農業経営の巨大さがわかる。ＴＰＰに反対していた日本の農業経済学者は、日本農業はオーストラリアの１万haの農家（同国では最大級）に勝てないと主張していたが、その１００倍である。

しかし、穀物生産の問題は、付加価値の低さ、価格の安さである。畜産は、穀物等をエサに使用するので、付加価値は高くなる。また、野菜や果実は、少ない農地で単価の高い生産を行っている。穀物の大輸出国であるオーストラリアの場合でも、広大な土地を利用する小麦や大麦の生産額はそれぞれ49億ドル、30億ドルなのに対して、わずかな農地で作る果実（樹園地《じゅえんち》は全農地の０・１％）、野菜は、54億ドル、42億ドルの生産を上げている。牛肉は１４６億ドルである。

我が国で、九州、関東甲信、東北、北海道の地域のうちで、農業生産額の最も多いのはどこかと聞くと、専業農家も含めほとんどの人が北海道と答える。北海道は、２０２０年の農地面

図22　地域別農業産出額(2020年)

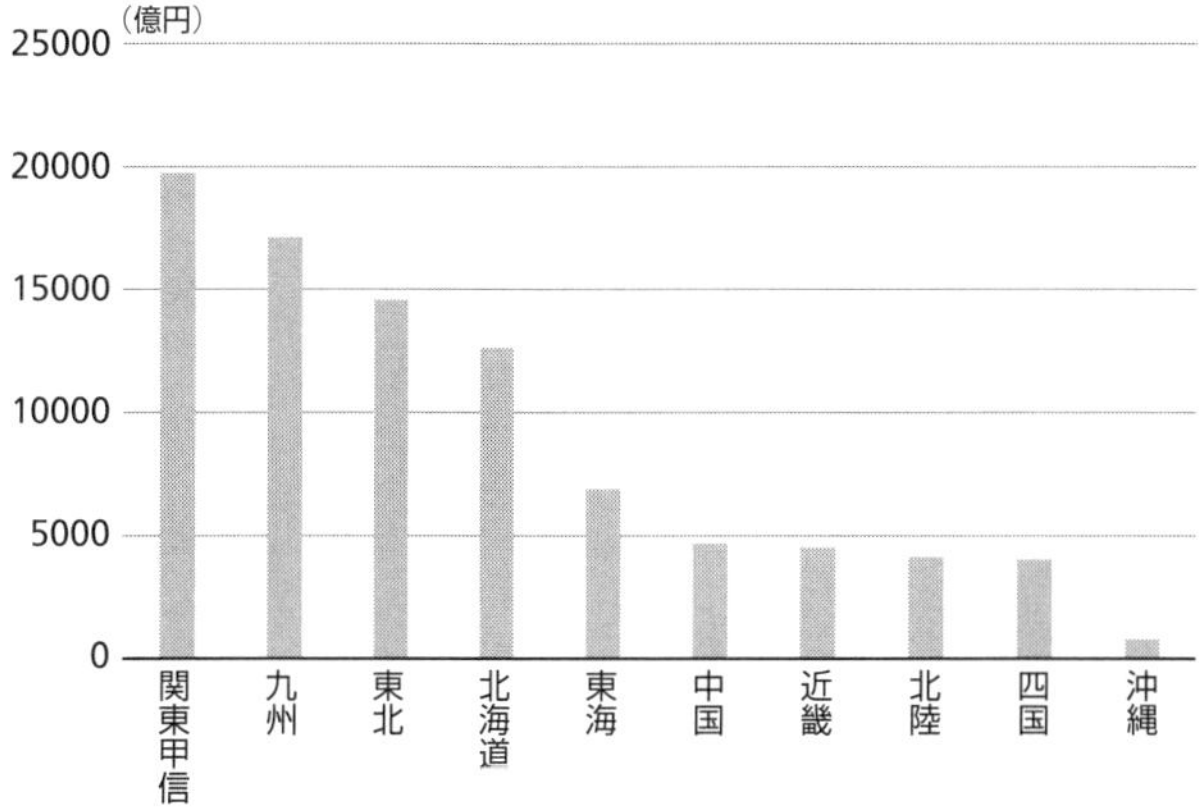

出所：農林水産省「生産農業所得統計」より筆者作成

積では、約１１４万haと全国の26％を占める。また、一戸当たり経営農地では30・２haと都府県平均の約10倍の大規模農業が展開されている。全面積でも、北海道は関東甲信や九州の約２倍である。しかし、農業産出額の多い順に並べると、関東甲信、九州、東北、北海道の順となる(図22)。

アメリカでも、農業産出額が最も多い州はどこかと聞くと、かなりの人が、土地が肥沃なコーンベルトのアイオワだと答える。しかし、２位を倍以上離しての首位は、土地がやせているように見えて穀物生産がほとんどないカリフォルニアなのである。

理由は簡単である。北海道やアイオワで作っているのは、果樹、野菜、花など付加価値の高い農産物ではなく、トウモロコシ、大豆、小麦、イモ、ビートなど食品製造業の原料農産物が多い。土地が広いので低コスト生産はできるが、価格は高くはない。

これと同様、穀物輸出が盛んな国のかなりが、農産物全体の輸出額となると、上位から姿を消してしまうのである。逆に、土地が広いわけではないヨーロッパの国々が上位10ヶ国のうち5ヶ国を占める。世界第3位の農産物輸出額の国は、九州ほどの大きさしかないオランダである。土地が広くても、ロシアやオーストラリアはベストテンに入らない。

自動車の好みが多様なように食の好みも多様

農産物の貿易も自動車の貿易と同じである。日本がトヨタ、日産、ホンダを輸出し、ベンツ、ボルボ、プジョーを輸入するように、品質の違いがあるときは、農産物の貿易も双方向となる。これを〝産業内貿易〟という。

産業内貿易が行われる根本的な要因は、消費者の好み、嗜好の多様性にある。高級車でも、レクサスが好きな人もいれば、ベンツ、ジャガー、BMW、ボルボ、さらには、フェラーリ、ポルシェが好きな人もいる。中小型車でも、カローラが好きな人もいれば、フィット、フォルクスワーゲン、プジョー、フィアットが好きな人もいる。

さらに、このような多様な嗜好に合わせた産品の生産・供給が、世界の様々な国で行われている。

食料・農産物の世界でも同じである。異なる嗜好に合わせて異なる品質の農産物が提供されている。

小麦も、品種の違いによって用途は様々だ。日本が輸入する銘柄を見ると、カナダ産ウェスタン・レッド・スプリングは主にパン用、アメリカ産ダーク・ノーザン・スプリングとハード・レッド・ウィンターは主にパン・中華麺用、オーストラリア産スタンダード・ホワイトは主に日本麺用、アメリカ産ウェスタン・ホワイトは主に菓子用に、それぞれ利用されている。同じく小麦を生産・輸出している国でも、用途の違いがあれば、相互に貿易される。

米についても、ジャポニカ米（短粒種）、インディカ米（長粒種）があるほか、同じジャポニカ米でも、品質に大きな差がある。インディカ米でも、パキスタン産のバスマッティ・ライス、タイ産のジャスミン米のような高級米と、アフリカなどへ輸出される低級米とでは、３〜４倍の価格差がある。アメリカは２７９万トンの米輸出を行いながら、ジャスミン米を中心にタイなどから１１８万トンの米を輸入する。米でも産業内貿易が行われている。

カリフォルニアワインが有名なアメリカでも、酒屋やスーパーでは、世界各国のワインが輸入され並んでいる。国産牛肉でも、和牛（黒毛、褐毛、短角牛の違いが存在）と輸入牛肉と競合する乳用種（スーパーでは国産牛と表示される）は品質・価格水準が異なる全く別の商品だし、肥育方法によっても違いが出る。

国によって、嗜好が異なる例もある。長いほど滋養強壮剤として好ましいとする台湾に、日本では長すぎて評価されない長いもが輸出されている。

日本では評価の高い大玉のリンゴを、イギリスに輸出しても評価されず、苦し紛れに日本では評価の低い小玉を送ったところ、やればできるではないかと言われたというリンゴ生産者がいる。欧米では、ランチとしてリンゴをカバンに入れて職場や学校に持っていく習慣があるため、小玉が好まれる。大玉だと、かぶりつくこともできない。これは経営的にも示唆に富む。自然相手の農業では、大玉も小玉もできてしまう。大玉は日本で、小玉はイギリスで販売すれば、売上高を多くすることが可能となる。

さらに重要なことは、ワイン、チーズやチョコレートのように付加価値の高い食料品ほど、品質や製法の違いによる差別化が起こりやすいことである。これが、アメリカやヨーロッパで高価格農産物を中心に産業内貿易が生じている原因である。

国内の穀物市場は政府によって国際市場から隔離される

国際穀物市場は、食料の特性などを反映して、他の市場と異なる特徴がある。それは、自動車などの工業製品のように、ものが何らの障害もなく国境を越えて自由に移動する市場ではないということだ。国際穀物市場は、各国の食料・農業政策（特に関税や輸出制限などの国境調整措置）によって、各国の国内市場から分断・隔離されている。

このような特徴が生じるのは、食料・農産物は次の二つの点で政治的に問題となるからである。それは、その供給者である農家の所得確保の観点と、その消費者である国民の生活や生命・健康の維持の観点である。

天候による豊作や農業保護政策による生産過剰などで国際価格が低迷しているときには、先進各国は農家所得確保のために高い関税や補助金などで自国の農業を保護しようとする。１９８０年代に見られた先進国の農業保護の増大、とりわけ、高価格支持政策と輸出補助金競争は、生産を刺激して国際市場への供給を増やした。その一方、輸入制限などによって、国際市場で流通する農産物への需要を減少させた。供給が増えて需要が減少すれば、国際価格は低迷する。自国の農家所得が維持できるのであれば、他の国の農家の所得は減少してもかまわないという政策が、現実に実施されたのである。

逆に、不作等によって国際価格が高騰すると、国民の生命維持に不可欠な食料・農産物は、輸出税や輸出禁止で国内消費者への供給を優先しようとする。その結果、世界の穀物市場では各国の国内需要を満たした残りしか供給されないことになり、これはさらに国際価格を高騰させる。価格上昇は、食料を購入することが困難な貧しい国民を多く抱える途上国でより深刻となる。

２００８年に国際穀物価格が高騰した際、インドなど輸出制限を実施中の途上国を取材した日本のメディアは、「不思議なことに途上国では穀物価格高騰は起こっていない」と報道していた。しかし、インドのような途上国は、自国から農産物が輸出されると、自国での供給が減少して国内の価格が国際価格と同じ水準まで上昇し、貧しい国民が食料を購入できなくなるから、輸出制限を行うのである。所得の半分を穀物購入に充てる貧困者が多い国では、穀物価格が3倍になると、飢餓が生じる。輸出制限は国内の穀物価格高騰が起きないようにするための措置であり、「穀物価格高騰は起こっていない」のは不思議なことではなく、当然なのである。

こうして、「過剰」と「不足」、いずれの場合でも、各国の国内市場は国際市場から隔離されてしまう。

自動車は生産の約50％が貿易取引されるのに、穀物は生産量のわずか10～20％が取引されるにすぎない。しかも、供給は天候等により大きく変動する。このため、わずかの豊作でも輸出量は増え、国際価格は大きく下がる。逆に10～20％の不作であっても、各国が自国への供給を優先すると、貿易量は１００％の減少となってしまう。これは、特に米で著しい。

世界同時不作とソ連の国際市場での大量買い付けにより、１９７３年の穀物価格は３～４倍に高騰したが、世界の穀物生産はわずか3%減少しただけだった。1993年に平年作より26%の不作となった日本が、1000～2000万トン規模の国際米市場で250万トンの買い付けを行った際、米の国際価格は約2倍に高騰した（ちなみに世界の米の生産量は約6億トンであり、日本が買い付けた量はその0・4%にすぎない）。このように、わずかな需給の変動により国際価格は大きく変動する。しかも、この変動を各国の政策が増幅させる。これが国際市場の不安定性である。

自国を優先するのが食料の国際市場

生命維持に不可欠な食料を、自国の国民も苦しいときに他の国に分けてくれるような国はない。日本でも戦後の食料難時代、生産県の知事たちは東京などの消費県への食料供出に抵抗した。農林省の幹部職員は、生産県の知事の説得に努めなければならなかった。

このとき、国内供給だけでは飢餓を克服できないと考えた吉田茂首相以下日本政府は、アメリカにたびたび食料援助を要請したが、アメリカはなかなか応じてくれなかった。

今の農業界は輸入を敵視するが、このときの輸入が日本の食料危機を救った。ただし、実際には、農林省が予想したほどの不作ではなかったので、予定した量より少ない輸入で済んだ。これをマッカーサーからなじられた吉田は、「日本の統計がしっかりしていたら貴国と戦争なんかしなかった」と煙《けむ》に巻いたという。

1995年から97年にかけて穀物の国際価格が上昇した際、EUは域内の過剰農産物を国際市場で処分するための輸出補助金の支給を停止し、逆に域内の消費者、加工業者に国際価格よりも安価に穀物を供給するために、輸出税を課した。ガット・ウルグアイ・ラウンド交渉で、EUは輸出補助金の削減に強く抵抗した。そのときEUは輸出補助金により途上国に安価な食料を供給していると主張したが、国際価格が上昇し、途上国にとって食料入手が困難となる局面では、輸出税を課して、域内市場への供給を優先したのである。

アメリカは輸出を制限しない。しかし、その食料援助は生産過剰になると増え、不足になると減少する傾向にある。いずれも過剰農産物の処分であるから、国際的な需給がタイトになり、本当に貧しい途上国が必要なときには、援助は減るのである。これが国際市場の現実である。

第三章

真実をゆがめられた日本の農業

前章で、世界の食料・農産物貿易の実態は、先進国は工業国、途上国は農業国という我々のイメージとはかけ離れていることを説明した。同じように、日本の食料安全保障に重要な役割を果たすはずの農業の実状も、我々が持つイメージとは著しく異なっている。そればかりか、国民が農業の現実を知らないことを利用して、国民への安定供給という本来果たすべき使命を忘れ、特定の集団の利益だけを考慮して農政が展開されてきた。

農村から離れた日本人

明治の半ばの１８８９年、現在の三大都市圏にある主要都市の人口は、東京市１３９万人、大阪市48万人、京都市28万人、名古屋市16万人、神戸市14万人、横浜市12万人だった。合計しても総人口４０００万人の16分の1に当たる、２５７万人にすぎない。日本のほとんどの人が農業を営み、農村に住んでいた。農業就業人口は9割だった。

これに対し、今ではほとんどの人が、農業や農村から遠く離れた都市的地域で生活している。２０１８年時点で、日本の人口1億２６００万人の半分（６６００万人）は、関東、中京、京阪神の三大都市圏に集中している。これ以外にも、札幌、仙台、広島、北九州・福岡の大都市圏への転入が続いているほか、地方でもほとんどの人は市街地に居住している。例えば、２０２２

年の人口186万人の岡山県でも、82％の153万人が岡山市を中心とする岡山都市圏に集中しており、それ以外の人も多くは農村ではなく町に暮らしている。

このような都市化は、戦後急速に農村から都市へ人口が移動した結果である。昭和30年代（1955～1964年）とその前後のヒット曲には、田舎から都会に出てきた人たちや田舎に残された人たちに訴えかける、〝ふるさと〟の歌が圧倒的に多い。「リンゴ追分」「別れの一本杉」「リンゴ村から」「赤い夕陽の故郷」「柿の木坂の家」「南国土佐を後にして」「北国の春」などである。

昭和の歌謡曲は、青春や恋愛ものは当然として、東京などの都会賛歌、長崎や上海などの異国情緒、股旅、マドロスを歌ったものが多く、望郷の歌は少ない。多くの望郷の歌がヒットしたことは、この時代の際立った特徴である。

1950年代から高度成長期にかけての望郷の歌は、都市への移動が他の時期に比べて大規模だったことを示している。農村の次男、三男等の過剰労働力と都市の人手不足がかみ合い、農村の若者は〝金の卵〟と称され、就職列車に揺られて、都会に集団就職した。都市に移住してきた人たちは、故郷とのつながりを強く意識しながら、都会生活を送った。東京・上野駅には、これを歌った「あゝ上野駅」の碑がある。

これらの曲に共感を持った人たちはすでに現役を退き、現在都市圏で活動するかなりの人は、農村とのつながりの薄い、その子や孫たちの世代である。

日本人の多くは、距離的にも遠く、また時間的にも久しく、農業や農村から、離れてしまった。親戚の農家に寝泊まりした経験を持つ人は少なくなった。田んぼの畦《あぜ》でツクシを採ったり、田んぼのわきの水路にたまった泥からドジョウを捕ったりした人は、もう地方でもたくさんはいないだろう。多くの人が、田んぼや畑を電車やバスの車中から見ることはあっても、農業や農村に暮らしている人たちの実態に触れることはまれである。

このため、国民の多くが農業や農村に対して持つ知識やイメージは、実体験を通じたものではなく、学校教育、書籍やドラマから得られる、観念的で標準化されたものとなった。つまり、農村では、ほとんどの人が農家で貧しく、米作に精を出しているというステレオタイプ化したイメージ（既成概念）である。

このようなイメージに訴えかけた、明治期の農村を舞台とした１９８３年のテレビドラマ「おしん」は52・6％という極めて高い平均視聴率を記録した。一面で、「うさぎ追いしかの山」で始まる文部省唱歌「ふるさと」からイメージされる、ノスタルジア、郷愁があり、一面で、額に汗して米を作る貧しい農家に対する同情や共感があり、また一面で、「田舎者」という言葉に表されるような侮蔑《ぶべつ》がある。日本人の中で多数派となった都市住民は、多面的な気持ちを農業や農村に対して持っている。

しかも、本音の部分で侮蔑の気持ちがあっても、知識人や公的な地位にある人たちが論文やスピーチで発する言葉は、懐かしいふるさとに対する郷愁や貧しく純朴な農家に対する同情や共感をベースとしている。農業は競争力のない弱い産業で、また、農村に住む人たちのほとんどが農家で、農家は農業を生業《なりわい》としている貧しい人たちというイメージである。

このような知識やイメージは妥当なのだろうか？ 実は、多くの人が農村を離れ都会に移動してきた昭和30年代以降、農村も農業も農家も劇的に変化したのである。

農村のほとんどは農家ではない

そもそも農村に住む人たちは農家なのだろうか？ たしかに、かつては農村の家はほとんど農家だった。農業集落の数は、１９７０年から今日まで14万程度でほとんど変わっていない。限界集落という言葉で集落の消滅が話題にされるが、意外に集落は持ちこたえているのである。しかし、今では、農業集落の中で農家の割合は大きく減少している。

農業集落のうち農家が70％以上を占める集落は、１９７０年の９万から２０１５年には９０００へと10分の１に減少した。その一方で、農家が10％未満の農業集落は、５０００から４万１０００へ８・２倍にも増加している。全体の農業集落の中で農家が10％未満の集落の割合は30％、30％未満まで含めると、58％となっている。農家が70％以上の伝統的な農業集落の割合

図23　農家率別集落数の推移

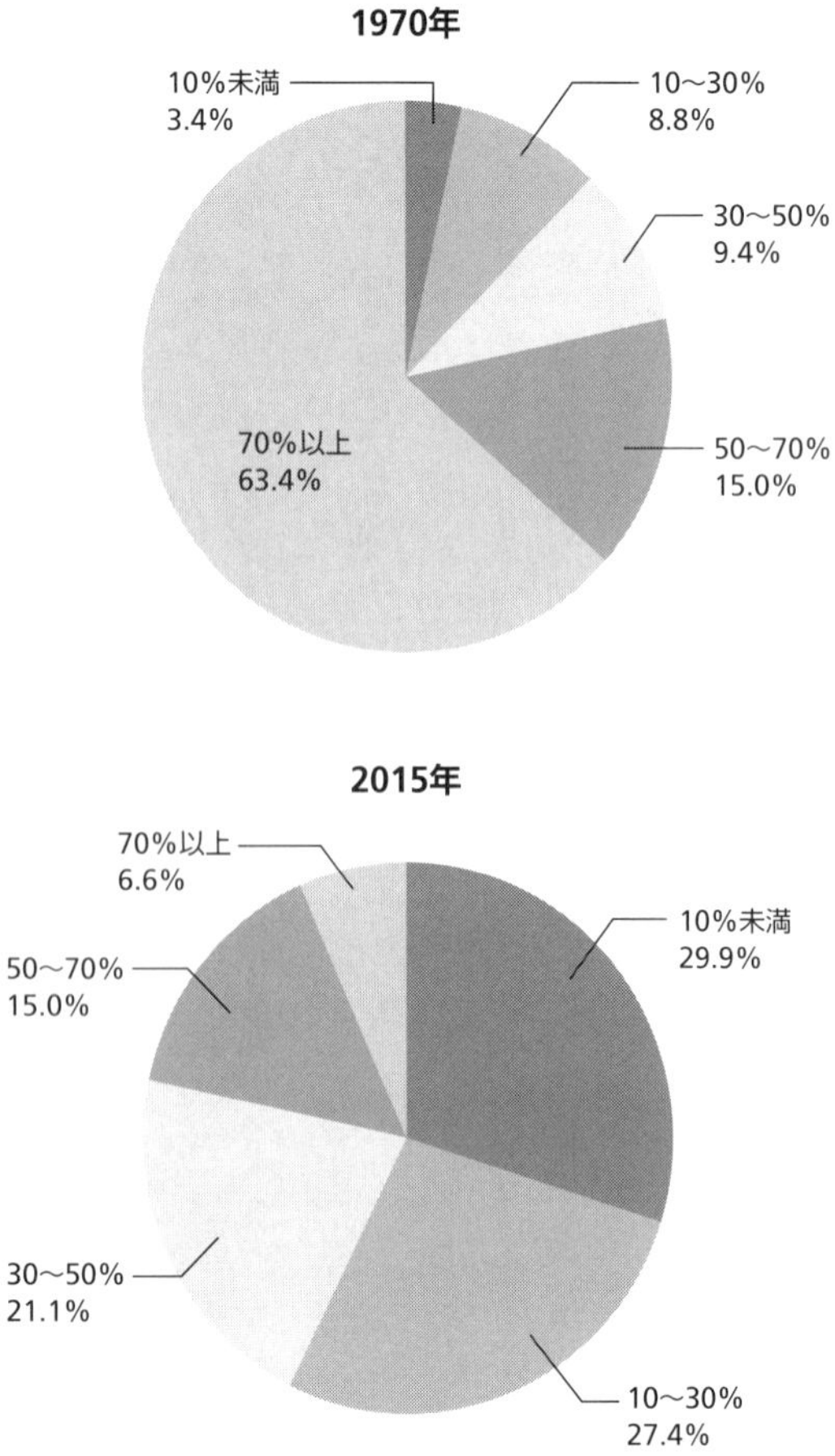

出所：農林水産省「農林業センサス」より筆者作成

注：農業集落とは、自然発生的な地域社会であって、家と家とが地縁的、血縁的に結びつき、各種の集団や社会関係を形成してきた社会生活の基礎的な単位を指す

は7％にすぎない（図23）。役所、会社や工場などに勤めるサラリーマンが多くなり、混住化が進んだのである。集落自体は消滅していないが、農家戸数の少ない農業集落が大きく増え、ほとんどが農家だという伝統的な農業集落は消滅しかけている。農業集落で農家はもはや多数派ではなく、少数派となっている。

「平日はサラリーマン」を可能にした農村の工業化

農業以外の産業が、戦後大きく発展していく中で、かなりの農家は農業を止めて他の職業についた。農業から他産業への移動は、1965年までは農村の過剰労働力である次男、三男等の都市への転出がほとんどを占めていた。望郷の歌を歌った世代である。しかし、その後の移動の主体は、在宅のままで、他産業へ就職した農家の戸主や後継ぎたちである。1964年から全国各地に〝新産業都市〟が建設され、1971年には農村地域工業等導入促進法が成立するなど、農村の近くに工場等が建てられ、農村に住みながら通勤することが可能になったからである。

農村地域に、産業化や経済成長の波が押し寄せてきたのである。農村の他産業化、工業化といってもよい。この結果、農村の構成員は、役所、会社や工場などに勤めるサラリーマン、いわゆる「勤労者世帯」が多くなった。また、農業を続けた世帯でも、平日はサラリーマンとして働き、休みの日だけ農作業を営む「兼業農家」が多くなった。特に、米については、機械化が進み、農作業に必要な時間が大幅に縮小したため、平均的な規模の水田では週末の作業だけで十分となった。

農家は、貧困だけでなく過重な農作業からも解放された。機械化のおかげで、手で一本ずつの田植えも、鎌を持っての稲刈りも、しなくてもよくなった。農薬の普及で、雑草を手で抜く必要もなくなった。腰の曲がったお年寄りはいなくなった。労働を化学肥料、農薬、農業機械が代替してくれた。米作の労働時間は10a当たり、1951年の201時間から2020年には22・8時間へと、大幅に減少した（図24）。

米と書いて八十八手間がかかるといわれた時代は過去となった。一日の労働時間を8時間として計算すると、1haの規模の農家の場合、1951年には年間251日働いていたのに、2020年には29日しか働いていない。0・5ha（5反）の農家なら年間たったの14日である。

こうして、農業が主たる生業だった農村は、いろいろな職業につく人の集まりとなった。当然のことながら、農家出身で農村に住む人は、農業に対して都市住民のような幻想は持っていない。私は、田舎の寄り合いで、農家出身のサラリーマンが跡取りの兄弟を前にして「農家は保護されすぎている」と発言したことを覚えている。このように、農村の中にも対立が生まれ、内部の意思決定も共同体の維持も難しくなった。

図24　水稲労働時間の推移

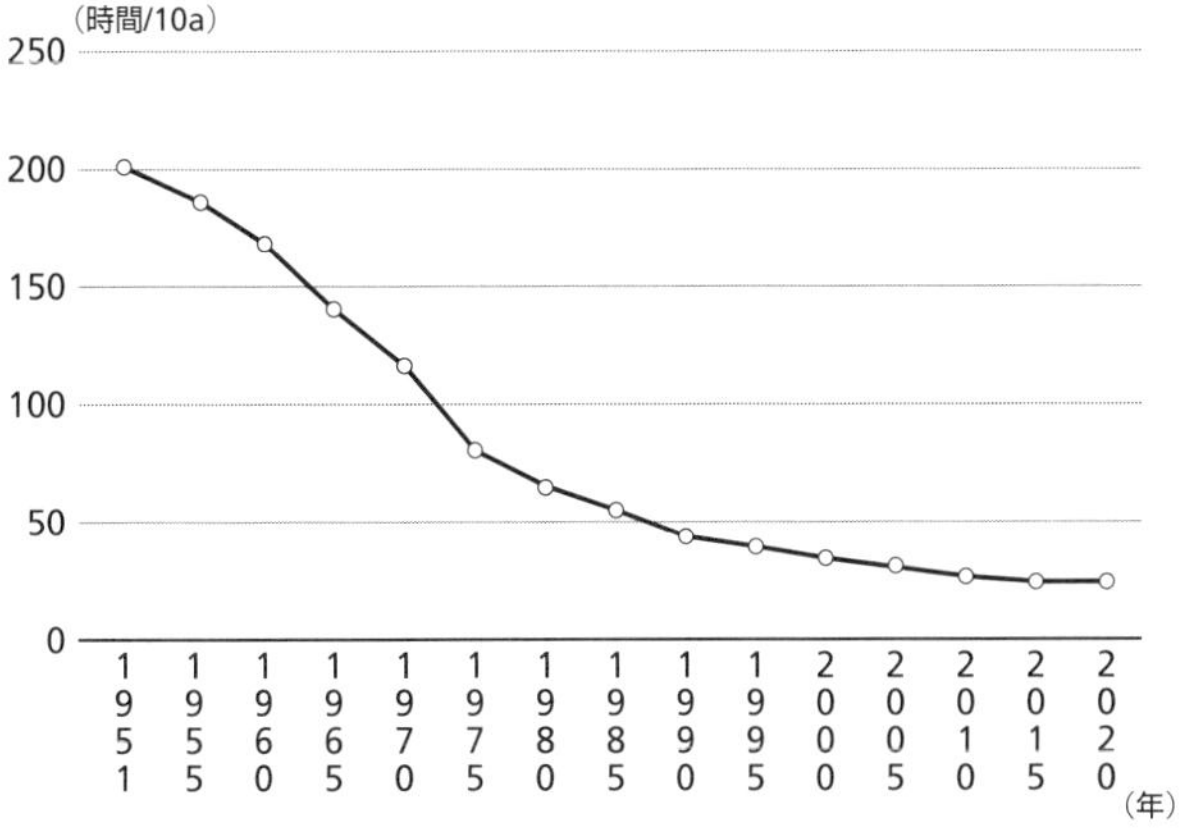

出所：農林水産省「農業経営統計調査」より筆者作成

戦前の農村でも、自作農もいれば小作農もいるし、農家の経営規模もまちまちだった。しかし、大きい農家も小さい農家も、集落の各戸は皆同じように労力を提供した。規模の大きい農家が特に多くの労働力、家族を抱えているわけではないことから、当然といえば、当然だった。もちろん、これは規模の大きい農家に有利に働く。しかし、そうであっても、皆が農家である以上、里山、農道や水路の維持管理活動は、集落全体の利益になると考えられた。

　しかし、農家以外の人たちが多くなると、この前提は成り立たなくなる。農業と関係ない職業についている集落の人にとっては、昔からの共同活動は自分たちの利益にならない。また、農家サイドも、サラリーマンの家庭には頼めない。このようにして、集落内部のつながりが希薄になり、話し合いの集会も開かれなくなっていった。自治体組織としての集落機能の低下、あるいは崩壊である。

農業界は、ＴＰＰによる農産物関税の撤廃で地域経済は崩壊すると主張した。目につく土地の広さからすれば、農業は地域経済の中で大きな地位を占めているように見える。しかし、農業はとっくの昔に地域経済の中心ではなくなっている。ＧＤＰ（国内総生産）に占める農業の割合が１％に低下しているだけではなく、北海道、東北、南九州の農業県といわれる地域においても、その経済に占める農業の割合はせいぜい５％程度にすぎない。

１９６０年以降に起きた農業の激変

日本農業には不変の三大数字というものがあった。農業従事者数１４００万人、農家戸数５５０万戸、農地面積６００万haである。統計が明らかな１８７５年から１９６０年まで、ほとんど変化しなかった。

しかし、１９６０年から農業は激変する。最近年にかけて、ＧＤＰに占める農業生産の割合は９％から１％へ、食料自給率は79％から37％へといずれも減少している。農地面積は６０９万ha（１９６１年）から４３５万ha（２０２１年）、耕作放棄地は現在42万ha、東京都の面積の１・８倍、富山県の面積に匹敵する数値となっている。

図25 農家戸数と農業従事者数の推移

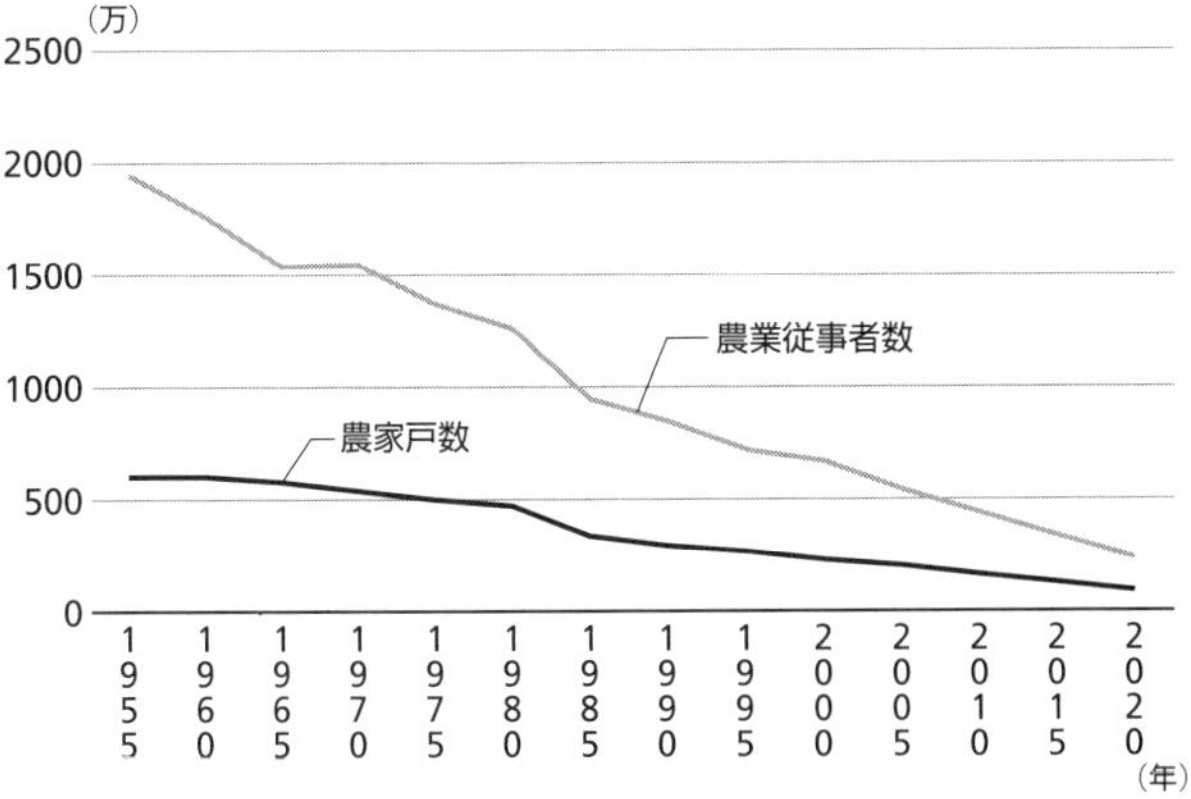

出所：農林水産省「農林業センサス」より筆者作成
注：1985年以降、農家数は販売農家数を、農業従事者数は販売農家のうちの農業従事者数を指す

図25は1955年から5年ごとの農家戸数、農業従事者数の推移である。1985年以降は販売農家（経営耕地面積が30a以上または農産物販売金額が50万円以上の農家）に限定されるが、農家戸数は1955年の604万戸から103万戸へ、農業従事者数は1932万人から249万人へ、それぞれ減少している。特に著しいのが農業従事者数で、主な仕事が農業の基幹的農業従事者は136万人である（2020年）。

高齢化も進行している。1976年当時、60歳以上の高齢農家の比率は3割程度だった。現在では、農業者のうち70歳以上が44%、60歳以上が81%を占める（図26）。新規就農者5万6000人の半数以上が60歳を超えている（2019年）。親が85歳で農業を止め、企業を退職した

図26　年齢別農業就業人口（1976年、2019年）

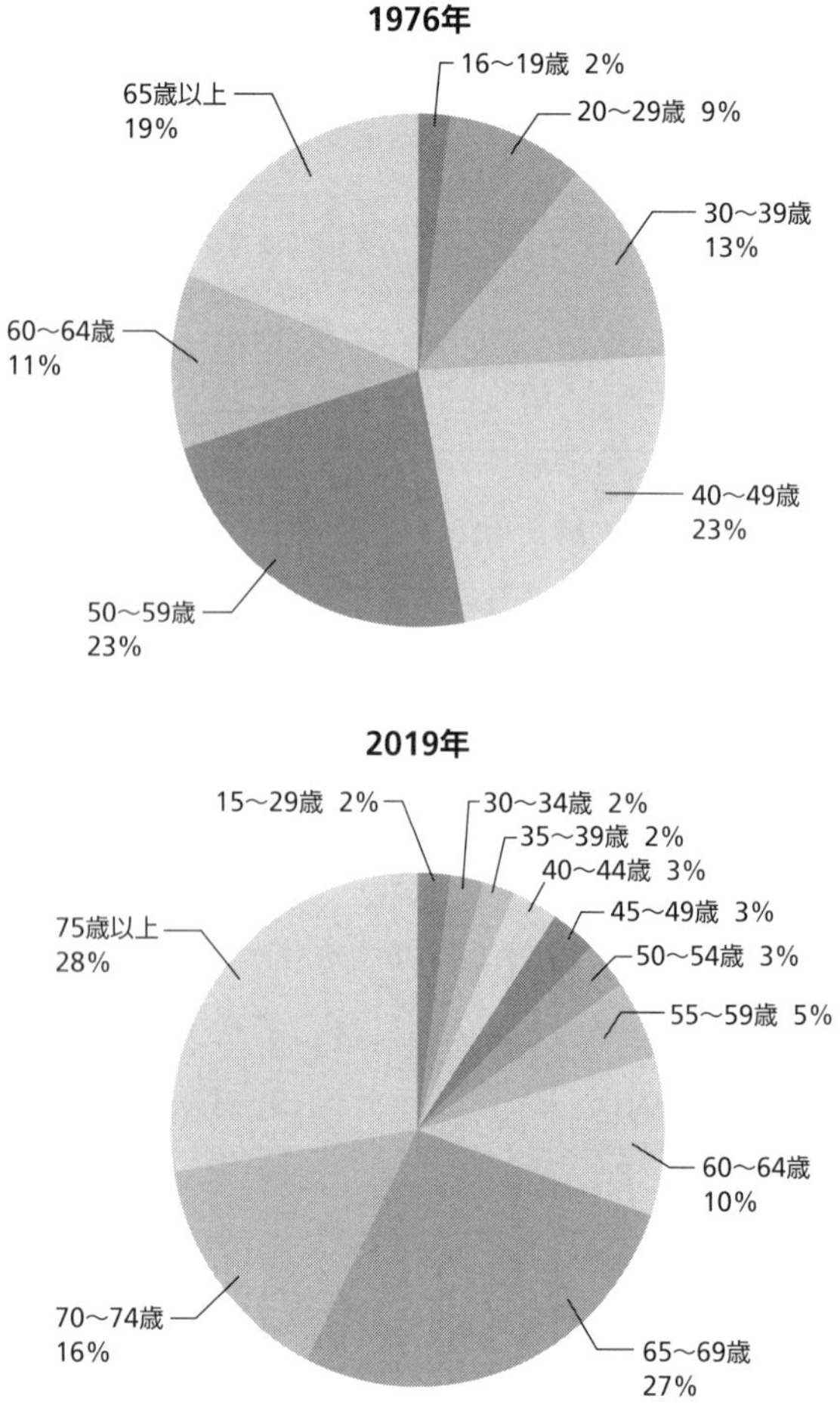

出所：農林水産省「農業構造動態調査」より筆者作成
注：調査年によって年齢の区切り方が異なる

60歳の息子が後を継ぐというパターンである。

農業界は、農地面積の減少より、高齢化が進行し農業人口が減少していることに危機感を募らせている。農家や農業者の数が減ると政治力が低下するからである。

農家戸数のうち主として農業で生計を立てている主業農家は24万戸で、販売農家の21％にすぎない。副業的農家（一年間に自営農業に60日以上従事する65歳未満の世帯員がいない農家）は販売農家の65％に上る（２０１９年、農林水産省「農業構造動態調査」）。

高齢化や耕作放棄は、農業収益の低下が原因である。農業収益が低下しているので、後継者が出てこなくなり、今の農業者が高齢化する。また、作物を植えても、儲《もう》からないので、農地は耕作放棄される。農林水産省が「農家が高齢化しているから耕作放棄される」と言うのは、農業収益低下の責任を取りたくないからである。農業収益低下によって、高齢化と耕作放棄は同時に進行しているが、高齢化と耕作放棄の間に因果関係はない。高齢農家でなくても、収益が悪ければ、耕作放棄する。

全戸が20ha規模の秋田県大潟村の一戸当たりの農業所得は１５００万円である。農家の子弟は東京の大学に行っても村に戻ってくる。高齢化も耕作放棄もない。あるレポートで、ほとんど全ての市町村が人口減少で消滅すると指摘された秋田県で、全戸農家の大潟村だけが存続するとされた。

売上高に相当する農業総産出額は、１９８４年の11・７兆円をピークに減少傾向が続き、２０２０年には８・９兆円（農林水産省「生産農業所得統計」）とピーク時の約４分の３の水準まで低下した。農業が作り出した付加価値（ＧＤＰ）に相当する農業総生産は、１９９０年の７・７兆円から２０２０年には５・４兆円（内閣府「国民経済計算」）へと３割も減少している。しかし、農業は衰退しているのに、農家は豊かになった。

高い農作物と農家の所得増加

高い農産物価格で貧しい消費者に大きな負担をかける農政の目的は、農家の所得増加である。２０１３年に自民党が取りまとめた「農業・農村所得倍増目標10ヵ年戦略」で「地域や担い手の所得が倍増する姿を目指す」としたことを受け、政府も「農業・農村の所得倍増を目指す」と閣議決定まで行っている。最近の政府の農業政策の目玉になっている〝輸出促進〟も農家所得向上のためだとされる。

これは与党の選挙対策に他ならない。農家人口が減少しているにもかかわらず、小選挙区制や参議院の一人区によって、組織された農家票はいまだキャスティングボートを握る。50対50で競っているとき、２％でも組織票が相手方に行くと48対52と４％の差がつくからだ。

さらに、農家の所得増加という目標に対して、どの政党もマスメディアも異論をはさまない。

ほとんどの国民が農家に対して持つイメージは、ステレオタイプ化された戦前の貧農だからである。

しかし、今の農家は戦前の小作人とは違う。１９６５年以降農家所得は勤労者世帯の収入を大幅に上回っている。２０１８年養豚農家の平均所得は１２００万円（２０１７年は２０００万円）、酪農家の平均所得は１５００万円（同１７００万円）に上る。兼業化、農地の宅地転用、政府の保護・支援で、農家は豊かになった。半世紀以上も前に農業や農村から貧困は消えている。

農村地域に工業が進出するにつれ、後継ぎや世帯主までも農家・農村から工場に「通勤」することが可能となり、在村の工場労働者が増えていった。１９６５年以降農家所得は勤労者世帯を上回るようになったが、それは農業所得の向上ではなく農外の兼業所得の上昇によって達成された。

図27は、１９６５年以降農家所得が勤労者世帯の所得を上回って推移していることを示している。農家所得に占める農業所得の割合が極めて低い。これは、農家のうち圧倒的多数が米農家であることを反映している。この図はほぼ米作農家の姿である。

これに対して、図28が示すように、米作以外の農業では農業所得の比率が高い。酪農家の農家所得のほとんどは農業所得である。彼らは農業所得だけで、普通のサラリーマンの数倍の所得を稼いでいる。一方、米農家だけ農業所得の割合が著しく低く、農外所得（兼業収入）と年金

図27　農家所得と農業所得の推移

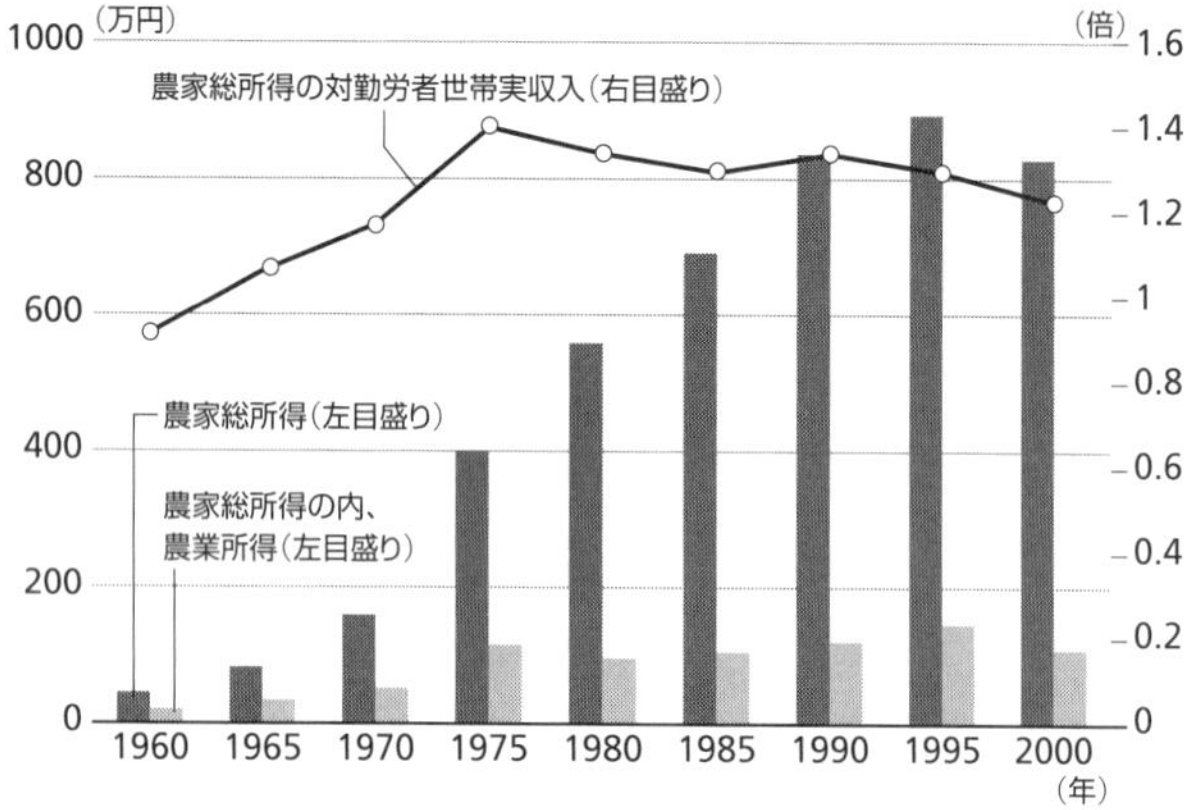

出所:農家所得については農林水産省「農業経営動向統計」、
勤労者所得については総務省「家計調査年報」より筆者作成

注:2005年以降は、統計方法の変更により接続しない

図28　営農類型別年間所得と内訳(2018年)

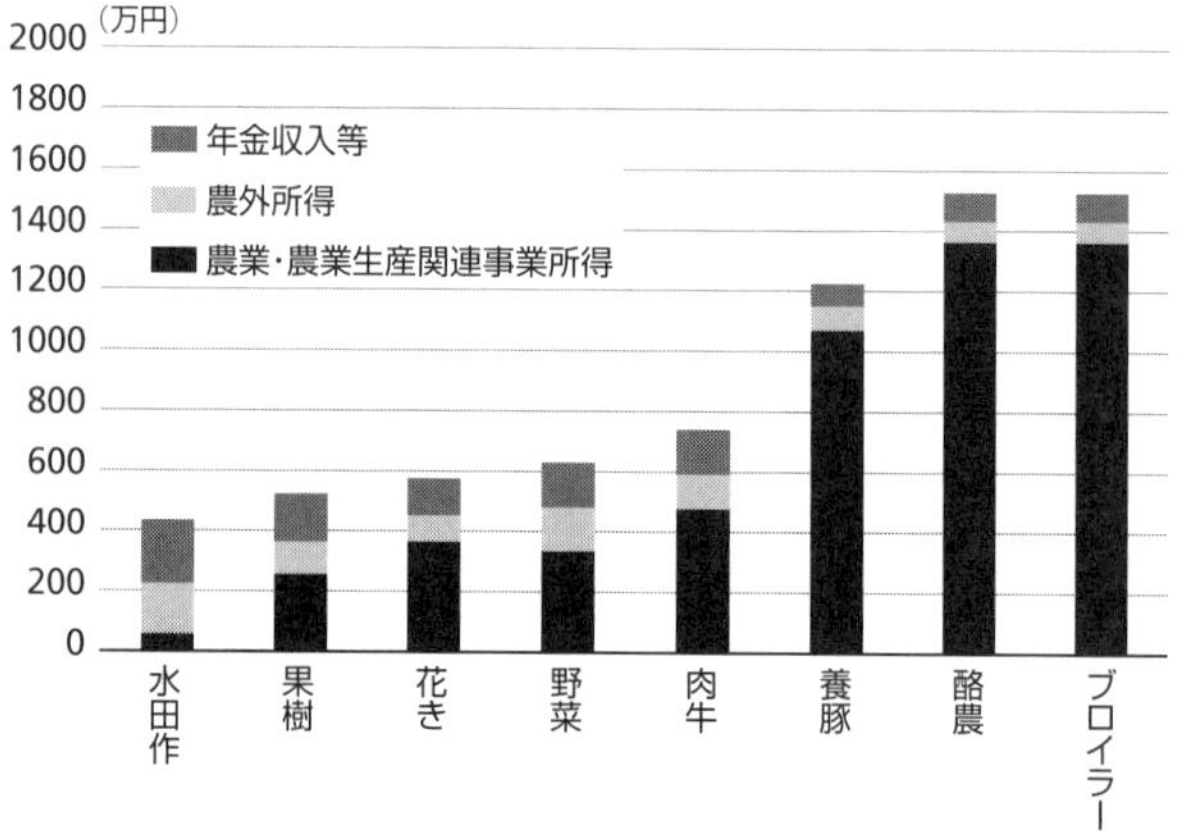

出所:農林水産省「農業経営統計調査営農類型別経営統計(個別経営)」より筆者作成

図29　各種農家所得と民間平均年収比較（2017、2018年平均）

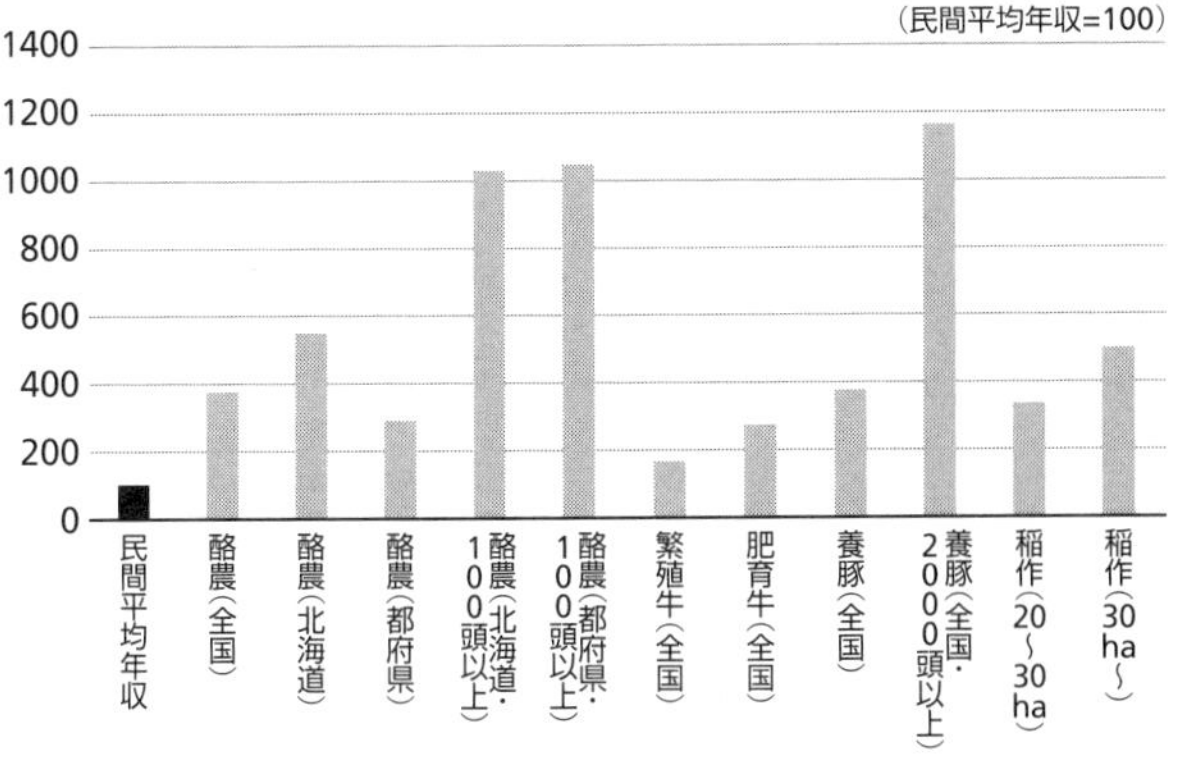

出所：民間平均年収については国税庁「平成30年分民間給与実態統計調査結果について」、畜産・稲作については農林水産省「営農類型別経営統計」より筆者作成
注：農家所得は、統計方法の変更により2019年以降の数値と接続しない

の割合が異常に高い。つまり、米農家の多くは、サラリーマン（兼業農家）か年金生活者（多くは元兼業農家）なのである。高米価・減反政策によってこれらコストの高い農家も農業を継続できたのだ。

政府の広範かつ手厚い補助や工場的生産という特徴から、畜産農家の所得は極めて高い。飼養頭数１００頭以上の酪農家、２０００頭以上の養豚農家の所得は、４０００万円を大きく超える。

図29は、民間の平均年収（給与所得者の所得）を１００として、農家所得と比較したものである。年による変動があるので、２０１７年と２０１８年の２年のデータを示す。民間の平均年収は２０１７年４３２万円、２０１８年４４１万円である。

繁殖牛を除いて、ここに挙げた業種の農家所得は民間の平均年収の倍以上である。酪農や養豚の大規模経営では、民間の平均年収の10倍を超える。豊かな農家を高い価格と多額の補助金で貧しい国民が援助する構図が続いている。

米農家だけ零細のまま温存

日本農業の最大の問題は、農業経営体（個人）のうち67％が販売目的で米を作付けしているにもかかわらず、米の販売金額は農産物全体の18％しかない（１９６０年頃は5割だった）ことである（図30）。これは米農業が多数の零細農家によって営まれている非効率な産業であることを示している。主業農家の割合は米作では９％にすぎない（図31）。米作だけがこのような状況にあることは、長年いびつな米政策が実施されてきたことの反映であり、結果である。

農林水産省は、表向き、米作農業について、担い手（主業農家や法人）への農地集積による規模拡大、これによるコストダウン、競争力の強化を掲げてきた。これに対して、ＪＡ農協は多様な農業（零細農家の温存）が必要だと主張し、一貫して農林水産省の構造改革路線に反対してきた。自民党農林族も本音ではＪＡ農協と同じであり、日本維新の会を除いて野党も同様である。彼らは兼業農家がいてこそ農業・農村が成立すると主張する。与野党とも、農業を振興したいというより農民票が欲しいのである。現実には、ＪＡ農協の意向に沿って、反構造改革、零細農

図30　農業総産出額内訳（2020年）

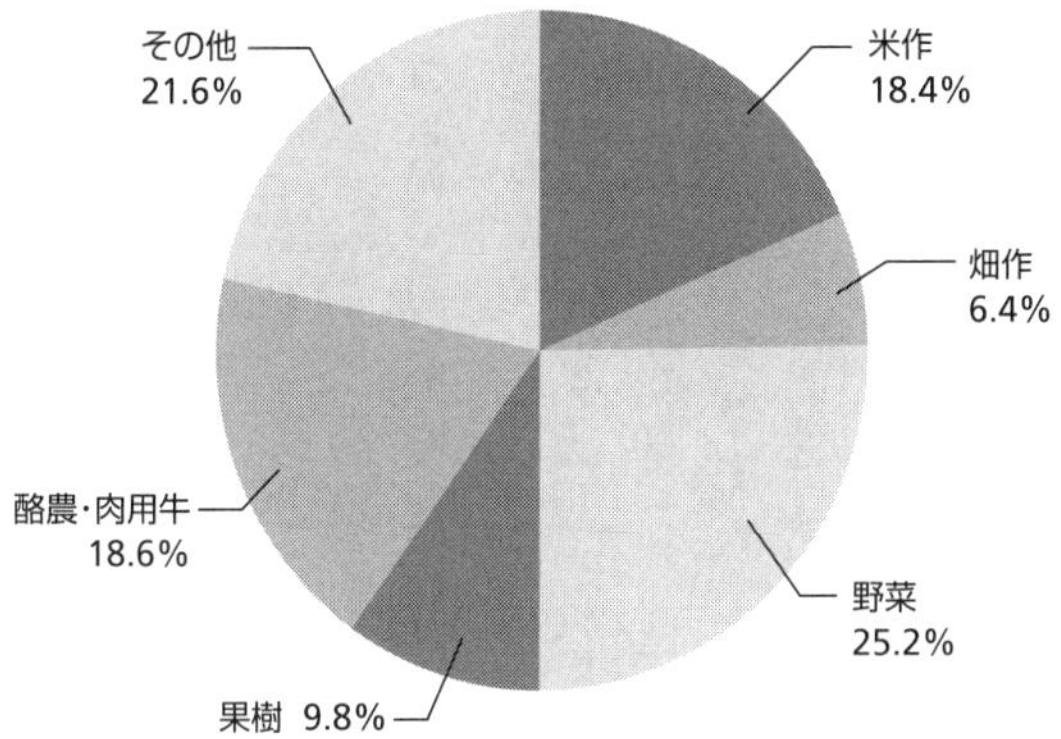

出所：農林水産省「生産農業所得統計」より筆者作成

注：畑作は、「麦類」「雑穀」「イモ類」を、その他は、「花卉」「工芸農作物」「その他作物」をそれぞれ指す

図31　各種農業の農家種類別構成（2019年）

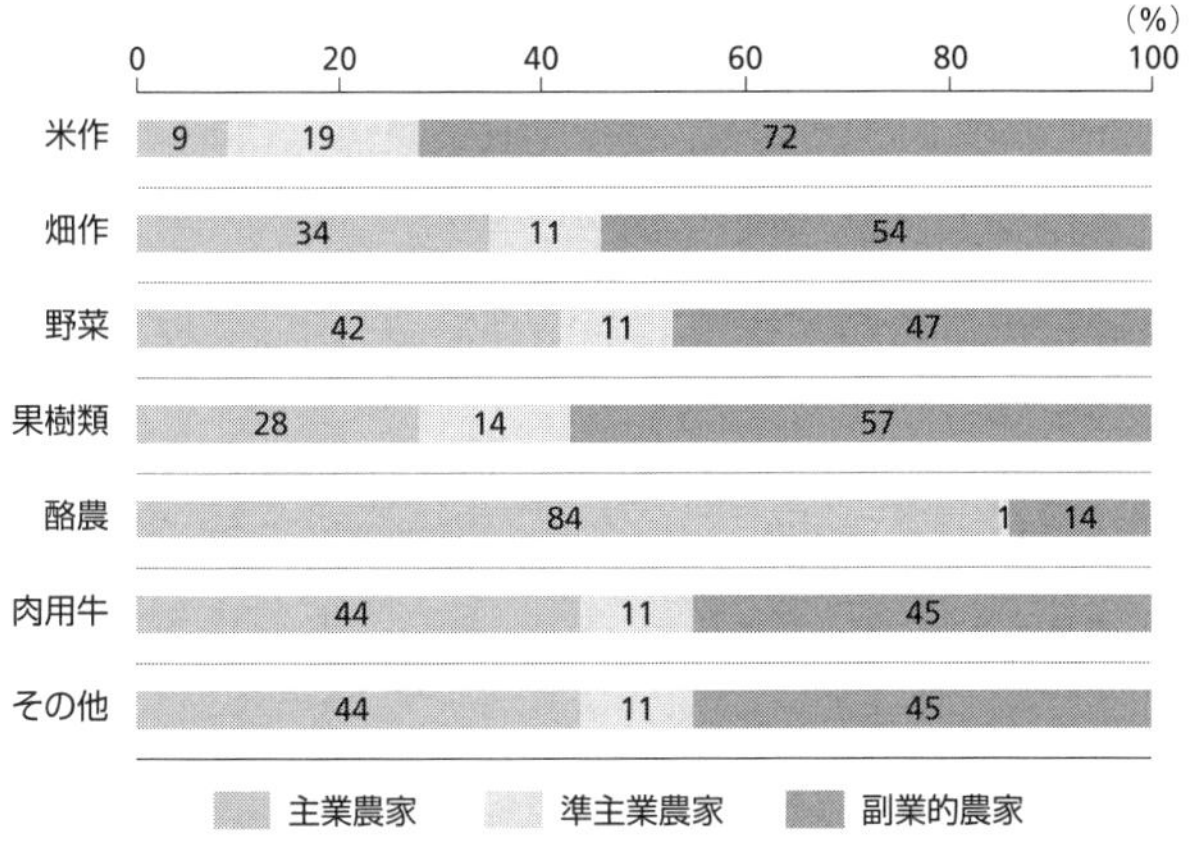

出所：農林水産省「農業構造動態調査」より筆者作成

家温存政策がとられてきた。図28や図31のデータが示す通りである。

２０２０年の「食料・農業・農村基本計画」で、農林水産省は、主業農家や法人重視という建前・表看板さえも放棄した。ＪＡ農協や自民党農林族からの圧力に抗しえなかったからだ。この新計画は、「経営規模や家族・法人など経営形態の別にかかわらず、担い手の育成・確保を進める」と記述しており、ＪＡ農協などから、大規模農家を軸とした農政から大きく舵を切ったと高く評価されている。また、何を意味しているかは明らかではないが、「農は『国の基《もとい》』との認識を国民全体で共有し」という時代錯誤的な文言も基本計画に盛り込まれた。

国会に参考人として招致されたときのあきれと驚き

２０２２年4月、私は、担い手への農地集積を促進する農地バンク法案と農村活性化法案（いずれも改正法案）の審査のため、衆議院農林水産委員会に参考人として招致された。前者の法案は、担い手への集積を目標の80％に向上させようとするものだった。後者は、小規模・兼業農家も重要だという思想を反映したものだった。

参考人に対して、前者の法案で担い手への集積目標を達成できるかという質問があった。私は、経営規模などの別にかかわらず、小規模・兼業農家も含めて担い手だというのであれば、今でも「担い手」への集積率は１００％だと答えた。つまり、後者の法案の趣旨からすれば、前者の法案は意味がない。情けないことに、国会に法案を提出している農林水産省自身も、法案を審査している国会議員も、二つの法案の矛盾に気がつかないのである。

米作農業に対して、この60年間で酪農家戸数は40万戸から1万４０００戸に減少したにもかかわらず、生乳生産は２００万トンから７５０万トンに４倍弱も増加した。主業農家の割合は84％である。酪農の場合、コストの高い都府県の生産が大きく減少して、北海道の生産が拡大した。米でも兼業農家が退出したあとは主業農家が引き受けるので、食料供給に問題はない。

農家にとって農地は生産要素ではなく資産

以前は、農村のほとんどが同じ規模の農家で農業を主業としていた。このとき、農業、農家、農村の利益が対立することはなかった。しかし、農村に住むかなりの人たちが、農業だけで生計を立てる農家ではなくなると、農業を振興することが、農村の利益や発展につながらない場合が多くなってくる。農村に工場を誘致する方が、農村地域の振興・発展に役立つようになるのである。農地が工業用地に転用されると、農業は農地という最も重要な資源を奪われることになる。農村地域振興のための措置が、農業の縮小や衰退を招いてしまうのである。

サラリーマン所得の割合が圧倒的に大きく、農業による所得の割合がわずかなものとなっている兼業農家にとって、農地は農業のための生産要素というよりは資産である。サラリーマン人生終了時の退職金をはるかに上回るお金が、宅地等への農地転用で手に入る。

農家は農業にとって最も重要である農地を転用で切り売りすることで、莫大な利益を得た。転用価格（２０１３年）は、都市計画区域外で10ａ（１０００平方メートル）１３８９万円、農家の平均的な規模である1ha（1万平方メートル）で１億４０００万円の利益である。市街化区域なら１haで5億１０００万円となる。

農地面積は１９６１年に６０９万haに達し、その後公共事業などで約１１０万haを新たに造成している。つまり、７２０万haほど農地があるはずなのに、４３５万haしかない。日本国民は、造成した面積の倍以上、現在の水田面積２４０万haを凌駕する２８０万ha超を、半分は転用、半分は耕作放棄で喪失した。半分の１４０万haを現時点で転用したとすれば、農家は少なくとも２００兆円程度の転用利益を得たことになる。転用して減少した農地の一部を回復するため、納税者の負担で諫早《いさはや》湾干拓などの農地造成が行われたのだ。

戦後の農地改革では、10ａの農地を長靴一足の値段で地主から強制的に買収して小作人に譲渡するという革命的な措置をとった。しかし、それで小作人に開放した１９４万haをはるかに上回る農地が、これまで農業界によって潰された。農地を農地として利用するからこそ農地改革は実施されたのであって、小作人に転用させて莫大な利益を得させるために行ったのではないはずである。

農地改革の果てに潰された農地

農地改革は、旧地主の人たちにとっては、はらわたが煮えくりかえるような事態だった。実は、一般の認識と異なり、庄内の本間家のような大地主はわずかで、不耕作地主のうち7割以上が所有農地3ha未満の中小地主だった。規模が小さい所有地1ha未満の地主は、自ら耕作すると収益が出ないので、耕作規模の大きい小作人に農地を貸して地代収入を得ている例も多かった。

これらの中小地主からも農地は取り上げられた。没落した旧地主の中には、子供を上級の学校に通わせられない人もいた。旧小作人による農地転用を目《ま》の当たりにした旧地主によって、農地改革の違憲訴訟が相次いだ。これは、１９５３年に最高裁の合憲判決が出されたあとも、政治的には決着せず、終戦から20年経った１９６５年になって、「農地被買収者等に対する給付金の支給に関する法律」が成立し、地主にある程度の補償金を支払うことで、ようやく収束した。旧小作人は利益を得たが、農地改革を実施した農林省にとっては、その事後処理も大変だったのである。

農業界は、株式会社の農地取得に反対する理由として、株式会社は農地を転用するとか耕作放棄すると主張する。しかし、これだけの農地を潰して巨額の転用利益を得たのは、他ならぬ農家自身である。ＪＡ農協から転用規制の厳格化という主張は行われない。農林水産省も十分な対策を講じてこなかった。それなのに、農業界からは反省の言葉は聞かれない。農業の研究者も農業者数の減少は重大な問題だとするが、農地の減少は問題視しない。本来なら国民の食料安全保障に不可欠な農地を潰してしまったのであるから、国民に謝罪するとともに、これまでもらった補助金は全て返納すべきである。

ＪＡ農協が農地面積の確保を真剣に要請したり運動したりすることはない。逆に、水田の転用や耕作放棄によるかい廃につながる減反を熱心に推進しているし、転用利益を運用して大きな利益を得た。転用された土地を利用する都市部のＪＡ農協は、不動産協同組合とも称されている。

農家は農地の転用利益をＪＡ農協（ＪＡバンク）の口座に貯金し、その全国団体である農林中金はこれをウォールストリートで運用し、高い収益をＪＡ農協と組合員にもたらした。ＪＡバンクの貯金残高は２０２０年3月末で１０７兆円、うち農家等の個人は95兆円に上る。株式会社などの法人の貯金はわずかである。

農地価格が上昇したため、他に多くの資産がない農家の場合、農地を複数の相続人で分割相続する事例が増えた。農業を行わない不在地主が増加するとともに、農地が細分化されて所有されることで、農業の担い手が農地を借りる際の取引コストが上昇する。こうして、農家が豊かになり、農業は衰退する。

農家による農地転用は、地域の衰退を招いた。市街地の郊外にある農地が大規模に転用され、そこに大型店舗が出店する。不思議だが、農地バンク法案が示す通り、賃貸によって、まとまった農地を主業農家に集積することは、極めて困難であるが、売買によって、大型店舗のために広大な農地を転用し、所有権を移転することは、かくも容易である。

かつては賑わった市街地の地元商店街は、郊外の大型店舗に客を奪われる。農地転用規制の強化を政府に真剣に要請してきたのは、ＪＡ農協ではなく、地方の商工会議所である。

農業は精神面からも崩壊した。第一次農地改革の担当課長だった東畑四郎は、嘆く。

「地価が暴騰したということと、米が過剰で作付転換や休耕をやったこと、この二つが私らのいう古い時代の『農』の心を荒廃させましたな。土地も荒廃したけれど、より以上に農の心を荒廃させてしまい、これがまた農業蔑視論といいますか、自ら農業というものを蔑視するという気持ちを強くした。…どの先進国を歩いても、農業をやっている人が農業を蔑視する思想はあまりありませんよ。ところが日本はどうも、農外の所得がいいのかどうか知らないけれど、カネ中心となってしまい、…農民自体が農業を蔑視しているのではないかと疑いたくなることが多い。」（東畑四郎・松浦龍雄『昭和農政談』家の光協会、１９８０年、１４６ページ）

第四章
〝食料自給率〟というまやかし

小学校の社会科の教科書は、食料、農業、農村について、戦後一貫して総ページ数の2割を割いている。工業や都市よりも経済的な比重は低いのに、より大きく扱われているのである。そこでは、低い食料自給率、米農業、様々な農産物の産地、農家の高齢化、地域おこし、戦前の農村などが取り上げられる。特に、児童は食料自給率が低いことは問題だという意識を持つようである。そしてそのまま多くの国民がこの意識を大人になっても持ち続けている。

食料安全保障と多面的機能に反する農政

農家が豊かになった状況を見て、農家所得向上という主張では今後予算を獲得できないと考えた農林水産省が、農政の目的として掲げるようになったのが、食料安全保障、遅れて多面的機能（multifunctionality）だった。多面的機能とは、水資源の涵養《かんよう》、洪水防止、景観など農業生産を行うことによる外部経済効果である。外部経済効果とは、本来の生産以外に生じる経済効果のことで、例として、養蜂家が飼うミツバチが果樹の受粉を助け、果実の生産を増加させることがよく挙げられる。逆に、公害のようにマイナスの効果もある。

ＯＥＣＤは多面的機能（食料安全保障を含む）のための政策に厳しい条件を要求する。①多面的機能の便益が内外価格差（国産と輸入のコスト差）を上回るものでなければならず（高い国産農産物を買うと、多面的機能を考慮してもかえって国民の負担が増える）、また、②同じ機能を達成する別の手段（農地の再林地化、ダム建設等）のコストと農産物の輸入コストを合計したものを農業生産コストが下回らなければならない（そうでないと、安い農産物を輸入したうえでダムの建設等を行った方がコスト的に有利となる）、とされる。

　食料安全保障のために毎年高いコストの国内農業生産を行うと、自由貿易を実施した場合よりも、国民に財政負担や消費者負担を強いるかもしれない。しかし、これは安全保障に必要な負担である。安全保障とは飢餓や紛争等の危機に備えるため、通常時に軍事費や備蓄などの負担を行うものだからである。平時から防衛省は存在する。戦争が起きてから武器を調達しても間に合わない。平時に国民の生命維持に必要な最低限の食料生産を行っていなかったり、農地などの農業資源をなくしていたりすると、いざ輸入途絶となったときに飢餓という大変悲惨な状態に陥る。一定期間の負担は〝いざ〟というときのための保険料である。

　ただ第一の問題は、その保険料が妥当なものかどうかである。食料安全保障のために農業生産を維持する選択をした場合の保険料は、国内の農業生産にかかる費用から外国産農産物の輸入額を引いたものである。食料安全保障政策から得る利益よりも保険料が過大であれば、国民は保険に加入しようとはしないだろう。先の①の条件である。

つまり、食料安全保障や多面的機能を理由として農業保護を正当化するためには、農業の生産コストが低いことが必要なのである。生産性向上に努力しない農業は保護に値しないといってもよい。

さらに、食料安全保障を達成するために、他の手段よりも国内農業生産で対応した方が、安上がりでなければならない。安い外国産農産物を輸入して備蓄するなど、他に安いコストでその価値を実現できる方法があるなら、国内の農業生産にこだわるべきではない。先の②の条件である。

過剰になった米から麦や大豆に転作して食料自給率を向上させるという名目で、毎年約２３００億円の税金を投入しているが、これで作られる麦は１０７万トン、大豆は19万トンにすぎない（２０２０年度）。同じ税金で一年分の消費量を超える７００万トンの小麦を輸入できる。

この生産を維持するためには、毎年同額の財政支出が必要である。仮に10年後に危機が発生するまで継続すると、財政負担は２兆３０００億円となる。安い国際価格で小麦や大豆を輸入して備蓄した方が、はるかに小さい負担で食料危機に対応できる。どれだけ費用をかけてもアメリカ製より国産の戦闘機を買うべきだという人はいないはずだ。

つまり、農林水産省の政策は、ＯＥＣＤの食料安全保障の要件を満たすものではない。国民は不当に高い保険料を払っているのだ。

危機対応を無視した日本の米政策

より大きな問題は、保険料をとりながら、食料安全保障を無視した政策がとられてきたことだ。

象徴的なのは、１９９３年の米大不作である。国内での米供給が不足したため、タイ等から２５０万トンもの米を緊急輸入した。これで途上国が輸入する米の値段は倍に高騰し、貧しい国の人々の生活を圧迫した。しかし、国内の消費者には輸入米は不評で、国産米と混米するなどして流通させようとしたが、大量に売れ残ってしまった。米生産は92年の９７１万トンから93年に７８３万トンへ減少したが、翌94年は減反を緩和したため、１１９８万トンに増加している。大まかにいうと、この３年間の生産量は、１０００万トン、８００万トン、１２００万トンなのである。この頃は１０００万トンで需要と供給が等しかったと考えられるので、減反をしないで１２００万トンの生産を行っていれば、93年のように２００万トンの減産でも需要に見合う１０００万トンの生産は確保できたはずである。

減反政策は、生産を需要と必ず一致させようとする。余分な生産は許さない、余裕のないギリギリの生産計画である。しかし、農産物の生産に天候不順による不作はつきものである。食料安全保障とは〝不測の事態に対する備え〟のはずなのに、減反政策によって、このような

〝不測の事態に対する備え〟を欠いてしまった。

食料安全保障のためには、農地や担い手などの農業資源の確保を目標とすべきなのである。「食料自給力」といってよいかもしれない。しかし、悲しいことに、高米価を維持するために、主食の米の生産を減少させ、食料安全保障に不可欠な農地資源や農業者の意欲を減少させる政策がとり続けられている。

自らが掲げた目的を損なう農政

つまり、保険料以前の問題として、多面的機能や食料安全保障という目的にかなう政策を農政は講じてこなかったのである。

これらの外部経済効果は、農業生産に伴う効果（結合生産物）である。水田を水田として利用するからこそ、食料輸入が途絶するという危機の際にも十分な米を供給できるばかりか、水資源の涵養や洪水防止などの多面的機能を発揮し、水田を維持して食料安全保障を確保できる。

にもかかわらず、米生産を減少させるため、水田を水田として利用しないことに補助金を与える米の生産調整（減反）政策は、水資源の涵養や洪水防止という多面的機能を損ない、水田をかい廃して食料安全保障を害してきた。１９７０年の減反開始時には３５０万haあった水田は、今では２４０万haに減少し、さらに、その４割に当たる１００万haが減反されている。減反開始時から比べるとその６割に相当する２００万haが水田として活用されなくなってしまった。半世紀以上も、農政自体が掲げた目的や国民全体の利益を損なう政策が行われている。

農業界の誰も、多面的機能や食料安全保障という目的から、政策を導いてはいない。国民は高い保険料を払っているだけではない。その保険料を食料安全保障などとは別の目的のために流用されているのである。「米の減反政策の国民経済上の目的や利益は何か？」と問われて答えられる農林水産省の職員はいないだろう。そのようなものはないからである。しかし、「誰のためなのか？」という質問に対する答えはある。それは、第一にＪＡ農協の利益のために、次に、それで間接的に潤う農林水産省職員と農林族議員のために。

中国はじめ、どの国も穀物増産のために財政資金など多くの資源を投入している。それが食料安全保障というものだ。穀物生産を減少させることに財政資金を投入する国が日本以外にあるだろうか。

食料安全保障は誰のためか？

１９７３年のオイル・ショックの際、トイレットペーパーがなくなるという噂《うわさ》が広がり、人々は買いためるためにスーパーに殺到、瞬く間にトイレットペーパーが店頭からなくなるという騒ぎが起こった。トイレットペーパーがなくても生きていけないことはないが、生活関連物資をめぐるわずかの不安が大きな混乱を招いた。

１９１８年の大正米騒動は、富山県魚津町で米を県外に移出することに反対する運動から、鎮圧に軍隊が出動するような全国的な騒動に発展し、寺内正毅内閣は退陣した。当時、国民は米以外の食品（畜産物等）はほとんど食べていなかった。肉体労働者の中には毎日１升（１・５㎏）食べていた者もいたという。

しかし、１９９３年の米の不作によって起こったいわゆる平成の米騒動の際は、食生活に占める米の割合は大きく低下しており、また、パン、牛乳・乳製品、肉類等には全く供給不安がなかったにもかかわらず、米が足りないというだけで、消費者は混乱した。米は主食だというイメージが国民に残っているのである。

食料は生命身体の維持に不可欠であり、国民生活の基礎的物資である。食料安全保障はエネルギーの安全保障と対比されることが多い。しかし、石油や電気がなくても江戸時代の生活に戻ることは可能であるが、食料がなくては江戸時代の生活にさえ戻ることはできない。

問題は、食料自給率の向上、食料安全保障の主張は、誰がどのような意図や目的の下に行っているのだろうかということである。

１９１８年の米騒動で米移送に反対して暴動を起こしたのは魚津の主婦であって農家ではなかった。終戦後の食料難の際、食料の買出しのため着物が一着ずつ剝《は》がれるようになる

「タケノコ生活」を送ったのは、都市生活者であって農家ではなかった。このとき、農家は農産物価格の上昇で大きな利益を得た。近くは１９９３年の平成の米騒動の際、スーパーや小売店に殺到したのは消費者であって農家ではなかった。

　１９９９年に制定された「食料・農業・農村基本法」は食料自給率向上目標を設定することを規定した。これに基づき閣議決定された「食料・農業・農村基本計画」では、２０００年当時の40％の食料自給率を自民党政権時代には45％に、民主党政権になってからは50％に、自民党が政権に復帰してから元の45％に、引き上げることを目標とした。ＪＡ農協などの農業団体は、政府・与党に食料自給率向上を強く要請した。不思議なことに、食料危機が起きると生命維持が脅かされる消費者の団体よりも、食料危機で農産物価格上昇の利益を受けるかもしれない農業団体の方が、食料自給率の向上、食料安全保障の主張に熱心なのである。農業団体の意図は、これによる農業保護の維持・拡大だからである。

食料自給率を犠牲にしても守りたい国内の高価格

　農林水産省やＪＡ農協は、食料自給率の向上に反する方針で、国際交渉に臨んできた。ガット・ウルグアイ・ラウンド交渉では、米の関税化を避けるために、ミニマム・アクセスという低関税の輸入枠を、関税化した場合よりも多く設定した。さらに、ＷＴＯドーハ・ラウンド交

表3　国内生産量の内訳

（単位：1000トン）

	1960	1970	1980	1990	2000	2010	2020
米	12858	12689	9751	10499	9490	8554	8145
小麦	1531	474	583	952	688	571	949
大麦・はだか麦	2301	573	385	346	214	161	221
いも類	9871	6175	4738	4954	3971	3154	2893
雑穀	411	122	35	28	30	31	45
豆類	919	505	324	414	366	317	290
野菜	11742	15328	16634	15845	13704	11730	11474
果実	3307	5467	6196	4895	3847	2960	2685
肉類	576	1695	3006	3478	2982	3215	3452
牛乳及び乳製品	1939	4789	6498	8203	8414	7631	7434

出所：農林水産省「食料需給表」より筆者作成

渉では、７７８％（３４１円／kgの従量税を従価税に換算したもの）の米の関税に代表されるような高い農産物関税についての大幅な（70％）削減要求を避けるために、代償として、低関税の輸入枠をさらに拡大してもかまわないという対処方針をとった。

ＴＰＰ交渉では、米、小麦や乳製品の高関税を維持するために、米、小麦では、アメリカやオーストラリアなどに国別の輸入枠を設定したほか、乳製品については、ＴＰＰ加盟国向けの特別枠を設定した。

低関税の輸入枠を拡大すれば、食料自給率は低下する。農産物貿易交渉での対処方針は、食料自給率向上の閣議決定に反しているのだ。農林水産省やＪＡ農協が食料自給率を犠牲にしてまでも守りたいのは、高い関税に守られた国内の高い農産物価格である。

そもそも、農業界は食料自給率低下を放置してきたのではないかと主張されると、反論できないのではないだろうか？　農業は高い価格や財政支出で保護されながら、それに見合う供給責任を果たしてこなかった。人口が増加しているので、農業生産は拡大していなければならない。しかし、表３が示す通り、輸入穀物をエサとする畜産は拡大しているが、他は、野菜・果物が少し健闘しているものの、全て大幅に減少している。米の減反には、過剰となった米から麦や大豆などに転作して食料自給率を向上させるという名目があった。転作にはこれまで９兆円もの補助金が交付されているのに、結果はこれら農業の生産減少だった。中国などが生産量を増大させてきたことに比べると、日本の対応は極めて異常である。

２０２２年、小麦の国際価格上昇によって、自民党政府は国産小麦や大豆の増産を行おうとしているが、これは50年間も実施して失敗した政策の繰り返しである。彼らには米を増産して食料危機に対応しようという考えはない。それはタブーなのだ。

農政の問題を民間のボランティアが解決している

これまで、食料安全保障を主張する農業界が、真剣に食料安全保障を考えたことはない。それは、食料が不足して困るのは、消費者であって農家ではないからである。農業界は食料安全保障の主張を利用してきただけである。だから、農業界は、高い農産物価格という農業保護を確保しようとすると、食料自給率向上に反しても輸入枠を拡大するし、大きな利益を得るために、食料安全保障の基礎となる農地を転用・かい廃してきたのである。

しかし、日本でも、多くの食品ロスが指摘される中で、貧困や施設の予算が足りないため食料を入手できない人たちがいる。フードバンクの運動は、まだ十分食べられるにもかかわらず、包装や賞味期限などの問題で流通に乗らない食品を福祉施設や生活困窮者に提供する活動である。フードバンクはこれらの人に廃棄されそうな食料を提供することにより、過剰の中の不足という問題を軽減しようとしている。〝こども食堂〟という取り組みもなされている。この根源的な問題は、所得格差が生じていることと貧しい人にとっては食料品の価格が高すぎるということである。後者は農政がもたらした問題である。それを民間のボランティアの人たちが一所懸命に解決しようとしているのだ。

アメリカやＥＵのように、財政からの直接支払いを農家に交付すれば、価格を高くしなくても、農家は保護できる。それなのに、農林水産省やＪＡ農協が高い価格にこだわるのは、それが、彼ら、特にＪＡ農協という組織の利益になるからだ。

米価維持のための減反政策には、隠れた目的がある。銀行は他の業務の兼業を認められていない。ＪＡ農協は、銀行業と他の業務の兼業が許された日本で唯一の特権的な法人である。減反による高米価で米産業に滞留した零細な兼業・高齢農家は、農業所得の4倍以上に上る兼業（サラリーマン）収入や2倍に当たる年金収入などを、ＪＡバンクの口座に貯金した。莫大な農地の転用利益もＪＡバンクの口座に入った。こうしてＪＡバンクは、貯金残高１００兆円を超す日本上位のメガバンクに発展した。この莫大な貯金の相当額を、ＪＡバンクの全国団体に当たる農林中金が、日本最高・最大の機関投資家として、ウォールストリートで運用することで、多くの利益を得てきた。高米価・減反政策とＪＡ農協の特権がうまくかみ合い、ＪＡ農協の発展をもたらした。減反廃止は、ＪＡ農協が発展してきた基盤を壊しかねない。

食料安全保障とか食料自給率向上を主張しながら、本音はこれらとは別の利益を維持するところにあるのだから、これらを損なう行動や政策をとってきたのは、当然と言えるだろう。

最も成功したプロパガンダ——食料自給率の虚構

政府は、カロリーベースでの食料自給率を２０００年から20年間も45%以上とする目標を掲げている。にもかかわらず下がり続け、２０２０年度には37%に低下した。この食料自給率という概念は、農林水産省というより政府が作ったプロパガンダの中で、最も成功をおさめたものである。60%以上も食料を海外に依存していると聞くと国民は不安になり、農業予算を増やすべきだと思ってくれるからである。

しかし、食料自給率とは、現在国内で生産されている食料を、輸入品も含め消費している食料で割ったものである。したがって、大量の食べ残しを出し、飽食の限りを尽くしている現在の食生活（食料消費）を前提とすると、分母が大きいので食料自給率は下がる。同じ生産量でも30年前の消費量だと食料自給率は上がる。分母の消費量の違いによって食料自給率は上がったり下がったりするのだ。そもそも指標として不適切である。

逆に、餓死者が出た終戦直後の食料自給率は、海外から食料が入ってこないので１００％である。食料自給率が高かった終戦直後の方がよかったとは、誰も言わないだろう。同じくシーレーンが破壊されて輸入が途絶する食料危機の際も、国内生産量と国内消費量は同じになるので、努力しなくても１００％になる。

本来、食料安全保障とは、海外から輸入できなくなったときに、どれだけ食料を生産して国民の生存を維持できるかという問題である。そのために最も必要なのは農地資源である。

花を植えることは、食料自給率の向上には全く貢献しないが、農地資源を確保して食料安全保障に貢献する。しかし、花農家に対しては、関税はゼロであるなど、保護はほとんどない。

カロリーではなく金額ベースだと、野菜や果樹など低カロリーの農業生産も含まれるため、食料自給率は6割以上になるという主張もある。しかし、分母に消費を置く以上、金額ベースの食料自給率も意味はない。また、輸入品の価格が変わらず、国内の食料品が高くなれば、生産が増えなくても、金額ベースの食料自給率は上がってしまう。食料自給率は、消費者のための数値なのに、消費者負担が高まれば上がり、負担が低下すれば下がるという、奇妙な結果となる。

食料自給率は、少し論理的に検討すれば、虚構であることがわかる。しかし、多くの人が、この概念が重要だと信じている。「大衆は、小さな嘘よりも大きな嘘の犠牲になりやすい」と言ったのは、ヒトラーだった。

真剣に食料安全保障の観点から食料自給率を設定しようと思うのであれば、国民が生命を維持できる総カロリーに対して、石油などの輸入も途絶したときに、国内生産で供給できるカロリーを提示すべきである。それが国民の目に明らかになれば、どれだけの米生産を維持しなければならないのか、どれだけ農地資源を確保しなければならないのか、がわかる。しかし、農林水産省やＪＡ農協が、そのような数値を提示するとは思えない。提示した途端、米を減産する減反政策、農地を簡単に転用させる農地政策という、彼らが推進してきた政策の過ちが白日の下にさらされるからだ。

まやかしの地産地消とフードマイル

食料自給率と似た主張に、地産地消やフードマイルがある。

地産地消といっても、畜産物は輸入トウモロコシの加工品だし、パンやラーメンも原料は輸入小麦である。地産地消というなら、米、野菜、果物しか食べられなくなる。地場産しか食べないというなら、食料自給率２００％で都府県に農産物を供給する北海道は、生産を大幅に縮小しなければならなくなる。このため、ＪＡ農協は、国産国消と言い出した。しかし、九州の人が、近くの韓国産よりも北海道産の農産物を食べた方がよいという理由がどこにあるのだろうか？　世界産世界消では、なぜだめなのだろうか？　国産の方が安定的に供給されるはずだというなら、なぜＪＡ農協は国産を減少させてきたのだろうか？　パン用の小麦は国内ではほとんど生産できないのに、パン食撲滅運動をなぜ起こさないのだろうか？

食料の生産・流通は温暖化ガス発生要因の2割を占める。そのうち、CO_2は、肥料や農薬の生産や農業機械のための燃料消費など、生産段階で主に発生する。輸送における排出は食料の生産・流通過程の排出合計のわずか４％にすぎない。他の国の数倍も農薬を使う日本の農産物が、輸入農産物よりもCO_2排出が少ないとはいえない。ニュージーランド産の羊肉はイギリスまで1万８０００㎞も運ばれるのに、イギリス産の羊肉は多くの穀物飼料を必要とするため、その４倍のCO_2を排出する。

輸送手段についても、国内でのトラックによる道路輸送は、船による輸送よりも多くのCO_2を排出する。我が国では、貨物、旅客輸送ともエネルギー節約的な鉄道や船舶から、エネルギー多消費的な自動車や飛行機へ移行している。海外から長距離輸送する方が、国内での短距離輸送よりも、CO_2を多く排出するとはいえない。フードマイルの主張は食料自給率向上を正当化する根拠にはならない。

農政が下げた食料自給率と消えた麦秋

１９６０年の79％からの食料自給率の低下は、食生活の洋風化のためだというのが、農林水産省や研究者の公式見解である。しかし、米の需要が減少し、パン食など麦の需要が増加することは予想されていた。米と麦の消費には代替性がある。本来ならば、米価を下げて、米の生産を抑制しながら需要を拡大し、麦価を上げて、麦の生産を増加させながら需要を抑制するという政策が、採用されるべきだった。

しかし、その逆の高米価・低麦価政策により、米は過剰となり、麦生産は激減した。１９４２年からの食糧管理制度によって、政府は米麦を農家から買い入れて卸売業者または製粉業者に売り渡していた。高度成長の中で大企業の労賃が上がると、政府買い入れ価格（生産者米価）にそれが反映される仕組み（生産費所得補償方式）がとられた。しかし、麦価については物価上昇分しか反映されなかった（パリティ方式）。米価は大幅に引き上げられたが、麦価はそれほどではなかった。

ＪＡ農協や与党の圧力によって、政府は農家所得増加の名目で生産者から買う米価を上げると、赤字が拡大しないように卸売業者に売る価格（消費者米価）も引き上げた。これは米の消費減少に拍車をかけた。１９９５年に食糧管理制度が廃止されたあとも、需給均衡価格よりも高い米価は、農家に補助金を払って供給量を減少させるという減反政策で維持されている。

一人一年当たりの米消費量はピーク時の１９６２年１１８kgから、２０２０年には50・7kgに減少し、総消費量は１９６３年の１３４１万トンから２０２０年には７８６万トン（エサ米等を含む）へ減少した。これによって生産量も減少し、農林水産省が示した２０２２年産の主食用の生産量は６７５万トンでピーク時の１９６７年１４４５万トンの半分以下である。

１９５０年代までは、裏作の麦を６月に収穫したあとに田植えをしていた。二毛作である。しかし、農村地域に工場が進出したうえ、政府が米価を上げたので、農家はサラリーマンとして勤務しながら、米作は継続した。ほとんどの農家がサラリーマン米作農家となったのである。このため、まとまった休みのとれる５月の連休時にしか田植えを行えなくなったので、裏作の麦は作られなくなり、小津安二郎監督の映画の題名にもなった〝麦秋〟はなくなった。ＪＡ農協も政治家も麦価には関心を持たなくなった。生産者価格が物価上昇程度の引き上げとなった国産麦（小麦、大麦、はだか麦）の生産は、１９６０年の３８３万トンから、わずか15年後の１９７５年に46万トンへと、８分の１まで減少した。低麦価に加え高米価による兼業化も、食料自給

図32　内外麦コストプール方式

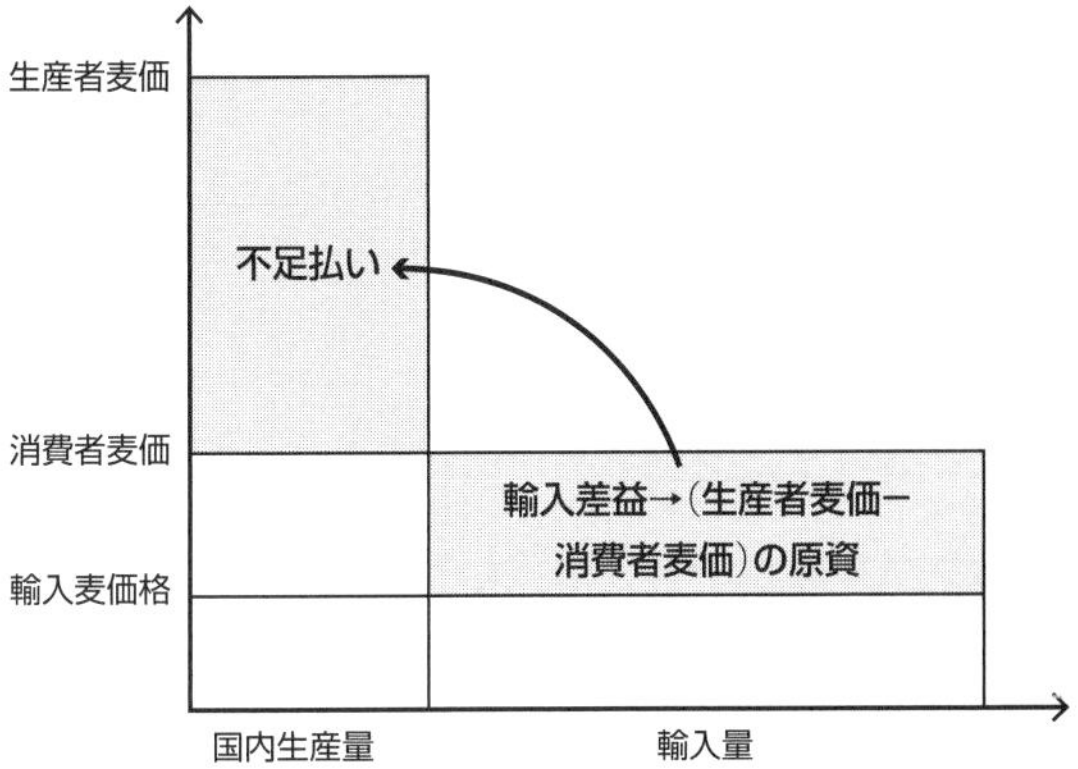

出所：筆者作成

率を下げたのである。

国産米イジメ、輸入麦優遇政策

麦については、生産者価格を引き上げても、輸入麦の差益で国産麦の製粉業者への売り渡し価格（消費者麦価）を低く抑える〝内外麦コストプール方式〟がとられた。［（消費者麦価X－輸入麦価格）×輸入量＝（生産者麦価－消費者麦価X）×国内生産量］となるよう、消費者麦価Xを決めるのである。これは、アメリカが行ってきたように、生産者の価格を高めて消費者の価格を低くする「不足払い」である（図32）。しかも、生産者麦価が米ほど引き上げられないのであれば、消費者麦価を高くしなくても済む。

現在は、輸入麦は国家貿易として農林水産省が輸入・売却しているが、国産麦は民間流通に

図33　米麦の政府売り渡し価格の推移

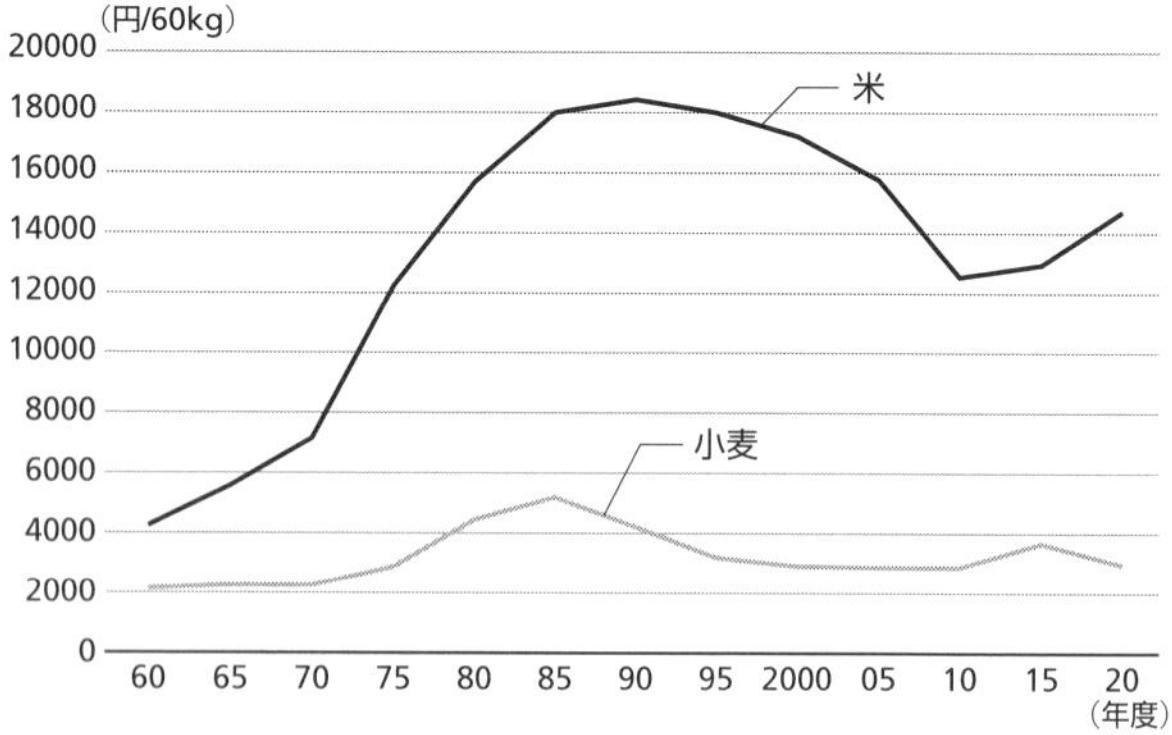

出所：小麦については農林水産省「麦の需給に関する見通し」、米については2004年までは農林水産省「食糧統計年報」、2006年以降は相対価格であり、農林水産省「米の相対取引価格・数量、契約・販売状況、民間在庫の推移等」より筆者作成
注：2005年は2004年と2006年の平均

移行している。しかし、輸入差益で農家の不足払いを行い、消費者麦価を生産者麦価より低くするという構図は同じである。

米に比べ消費者麦価が低い水準に抑えられたことで（図33）、麦の消費量は１９６０年の６００万トンから今では８５０万トンに増加した。しかも、国産麦の生産減少により、麦供給の９割はアメリカ、カナダ、オーストラリアからの輸入麦となっている。

１９７３年の食料危機以降、麦作奨励が唱えられ、麦価も大幅に引き上げられた。この結果、麦の生産は２０２１年には１３３万トンに回復している。しかし、それでも１９６０年の３分の１である。また、いったん輸入麦に移った需要は戻らなかった。国産小麦の主たる用途はうどんであるが、さぬきうどんの原料はＡＳＷと

図34　米と小麦の総消費量の推移

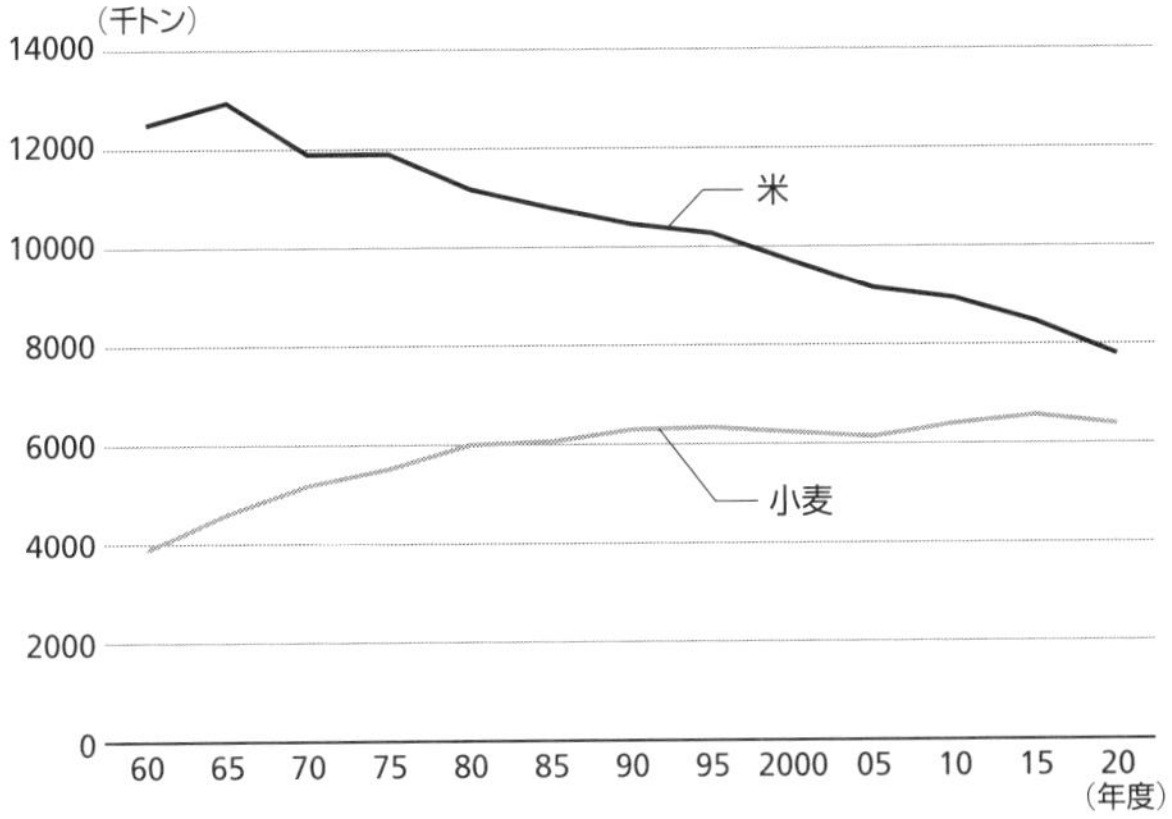

出所：農林水産省「食料需給表」より筆者作成

いうオーストラリア産小麦になった。米麦合わせた生産量は１９６０年の１６６９万トンから２０２１年には８８９万トンへとほぼ半減した。１９６０年当時米の消費量は小麦の３倍以上もあったのに、今では同じ量まで接近している（図34）。

麦の消費者価格を上げて輸入麦からの差益を大きくし、それを米の赤字に補てんすれば、生産者米価を引き上げても、輸入麦の差益で消費者米価を抑制し、米の消費減少を食い止めることもできたはずだった。しかし、ＪＡ農協は、生産者米価引き上げに一大政治運動を展開したものの、米麦の相対価格を是正して、米の消費減少を食い止めるという発想を全く持たなかった。ＪＡ農協関係者は、生産者米価を上げさえすればよく、それによって生じる消費減少や財政負担増加という問題は政府が対応すべきという態度だった。私は、１９７７年から１９８０年まで食糧管理制度を所管する食糧庁（農林水産省の外局）に在籍したが、輸入麦差益で消費者米価を低くするという問題提起をしたのは、日本社会党の国会議員一人だけだった。

農林水産省・食糧庁が、なぜ米麦の相対価格是正に動かなかったのかは、はっきりしない。おそらく、私の先輩たちは、産業として成熟している米業界に比べ、食生活の洋風化を追い風に成長が見込まれる麦関連産業を伸ばした方が、天下り先が期待できると考えたのかもしれない。いずれにしても、農林水産省が消費者麦価を抑制したため、製粉メーカーなど麦関連業界が発展したことは事実である。

価格政策として、国産主体の米の需要を減少させ、輸入麦主体の麦の需要を拡大させる外国品愛用政策をとったのである。食料自給率低下は当然である。今では米を５００万トン減産して、麦を８００万トン輸入している。農林水産省自身が食料自給率を下げる政策を実施したのである。

今日でも、米麦を一体的に考えるという発想は、農林水産省にもＪＡ農協にもない。しかも、ガット・ウルグアイ・ラウンド交渉の結果、麦の輸入差益の上限をＷＴＯに約束し、さらにＴＰＰ交渉と日米貿易協定によってこの差益が45％削減されることとなったので、麦の輸入差益で米の直接支払いを行うという方法はとれなくなってしまった。

図35　家計における米とパンと麺類の消費額の推移（全世帯一年当たり）

（2015年を基準とした実質値）

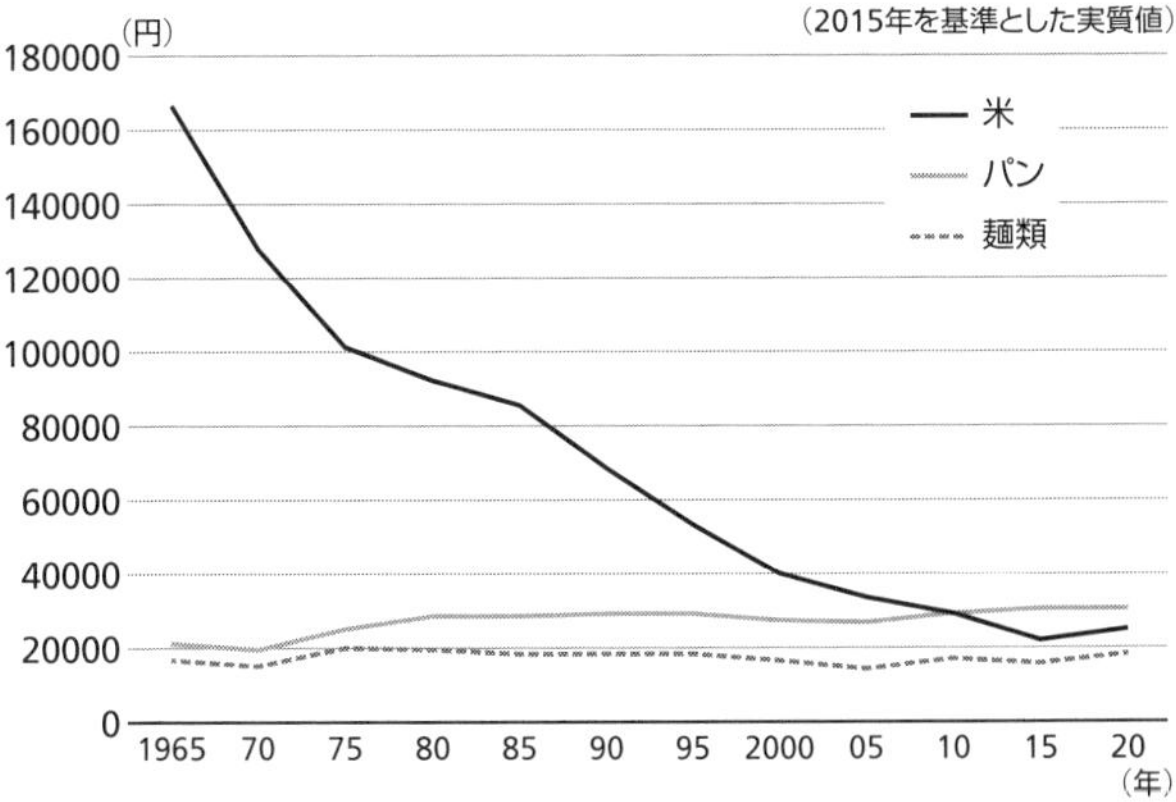

出所：総務省統計局「家計調査年報（家計収支編）」より筆者作成

注：デフレーターは消費者物価指数のうち「持ち家の帰属家賃を除く総合」の値を用いた

独り負け状態の米

２０１０年、家計の米の年間支出額（２万３３１５円）がパンの支出額（２万３７７３円）を、初めて下回った。麺類の支出は１万５１２４円なので、米への支出は、パンや麺などの小麦製品の合計を大きく下回ることになった。２０２１年では、米１万６９６２円、パン２万５４１５円、麺類１万５６７１円となり、米への支出がうどんや中華麺への支出とほぼ同額となっている（図35）。ますます米と小麦製品の格差が拡大している。ただし、家計での米の消費（内食）以外に、米消費の３割以上が中食や外食となっている。コンビニでのおにぎりの販売がなければ、米の消費は大幅に減少していたのだ。

カロリー摂取量の品目別の内訳を１９６０年

図36　国民一人一日当たり供給熱量

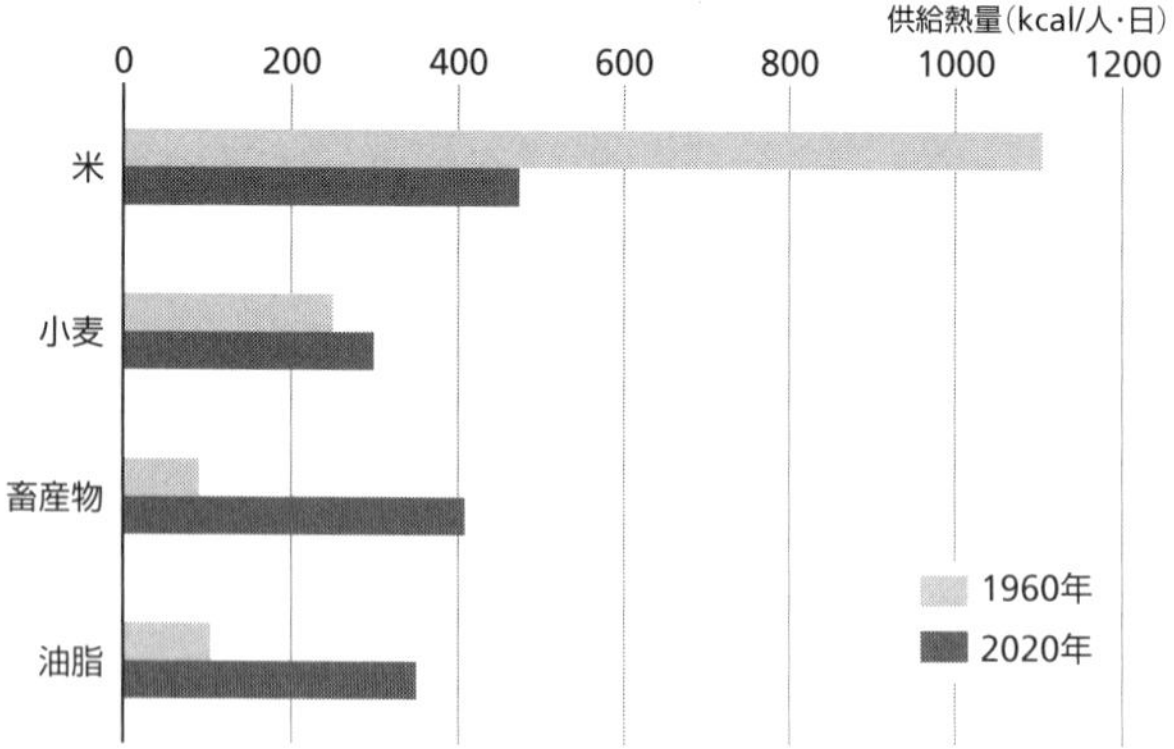

出所：農林水産省「食料需給表」より筆者作成
注：畜産物は「肉類」「鶏卵」「牛乳及び乳製品」の和である

と２０２０年で比較すると、48%から21%へ減少している米の独り負け状態である。小麦の消費増を洋風化のためだと農業界は言い訳するが、パンやスパゲッティだけではなく、ラーメンやうどんの消費も好調である。最も保護していた米農業が最も衰退したという皮肉な結果になった。食料自給率低下の原因は政策の失敗である。

農政トライアングルの亀裂

２０２０年、基本計画の見直しに際し、一部の農林族議員から、食料自給率目標を掲げるべきではないという意見が出された。目標未達成の責任を取ろうとしない農林水産省とは違い、20年かけても目標が達成されないことに有権者から批判が出ているからである。

ＪＡ農協や農林水産省は、農業保護を続けるために自給率目標を降ろしたくない。そこで、農林水産省は、食料自給率を高く見せる方法を考えた。

　これまでの食料自給率は、輸入飼料から生産された畜産物を国産とは扱ってこなかった（国内の飼料自給率は25％）。輸入飼料が途絶えると生産できなくなる畜産には、食料安全保障上意味がないからである。今回農林水産省は、完全輸入飼料依存の畜産物でも国産とカウントする食料自給率を提示した。食料自給率は46％に上昇する。

　ところが、ＪＡ農協は、飼料自給の向上がおろそかになるという正論を主張して反対した。減反の基本は、主食用米から他の作物に転作すれば補助金を交付することで、主食用米の生産を減少させることである。その転作作物として、ＪＡ農協にとって現在最も重要なものがエサ米である。米から米へ転作するのだから、これほど簡単な転作はない。つまりＪＡ農協は、飼料自給向上という政策目標が失われれば、エサ米生産への転作補助金がカットされ、米価を維持できなくなると恐れたのである。食料自給率をめぐって、農政トライアングルにわずかながら亀裂が生じた。しかし、国民への食料供給という目的や使命を置き去りにした仲間内の争いである。

米の輸出こそ食料危機対策

食料危機への対応は、短期的には平時の国内生産と備蓄、中長期的には食料増産である。最も効果的な食料安全保障政策は、減反廃止による米の増産とこれによる輸出である。平時には米を輸出し、危機時には輸出に回していた米を食べるのである。日本政府は、財政負担を行って米や輸入麦などの備蓄を行っている。しかし、輸出は財政負担の要らない無償の備蓄の役割を果たす。同時に米の増産によって農地など農業資源の確保もできる。

図37は２０２０年のカロリー供給の品目別の状況、図38は食料自給率37％の内訳である。依然として、米は食料自給率の55％という大きな割合を占めている。これまで食料自給率が低下してきたのは、米の生産が減少してきたからである。逆に言うと、米の生産を増やせば、食料自給率は上昇する。

輸出とは国内の消費以上に生産することなので、食料自給率も向上する。減反廃止で米の輸出を拡大すれば、食料自給率向上目標は簡単に達成できる。２４０万haの水田全てにアメリカ並みの単収の米を作付けすると、米生産は１９００万トンを超える。一気にそこまで生産が拡大しないにしても、１７００万トンは生産できるだろう。国内生産が１７００万トンで、国内消費分７００万トン、輸出１０００万トンとすると米の食料自給率は２４３％となる。現在、食料自給率のうち米は20％、残りが17％であるので、米の生産拡大で他の作物の作付けが多少

図37　総供給熱量の構成割合（2020年）

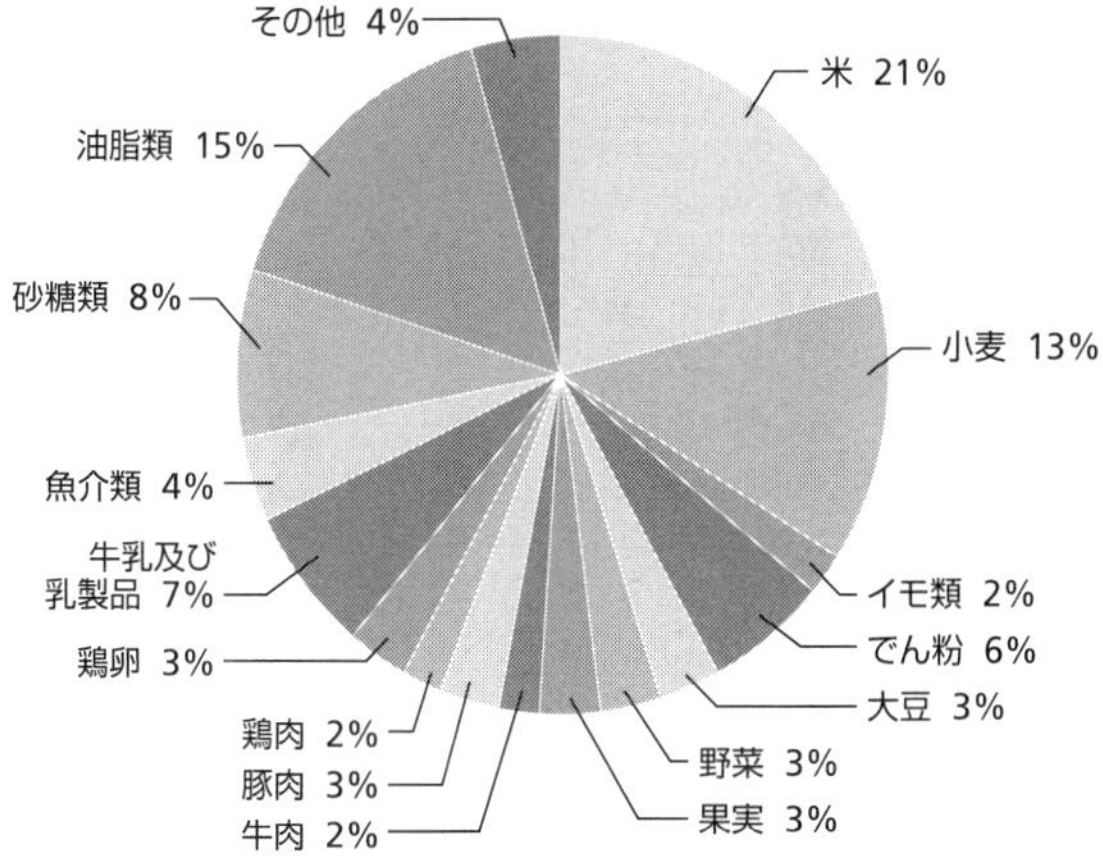

出所：農林水産省「令和2年度食料自給率・食料自給力指標について」より筆者作成

図38　国産熱量の構成割合（2020年）

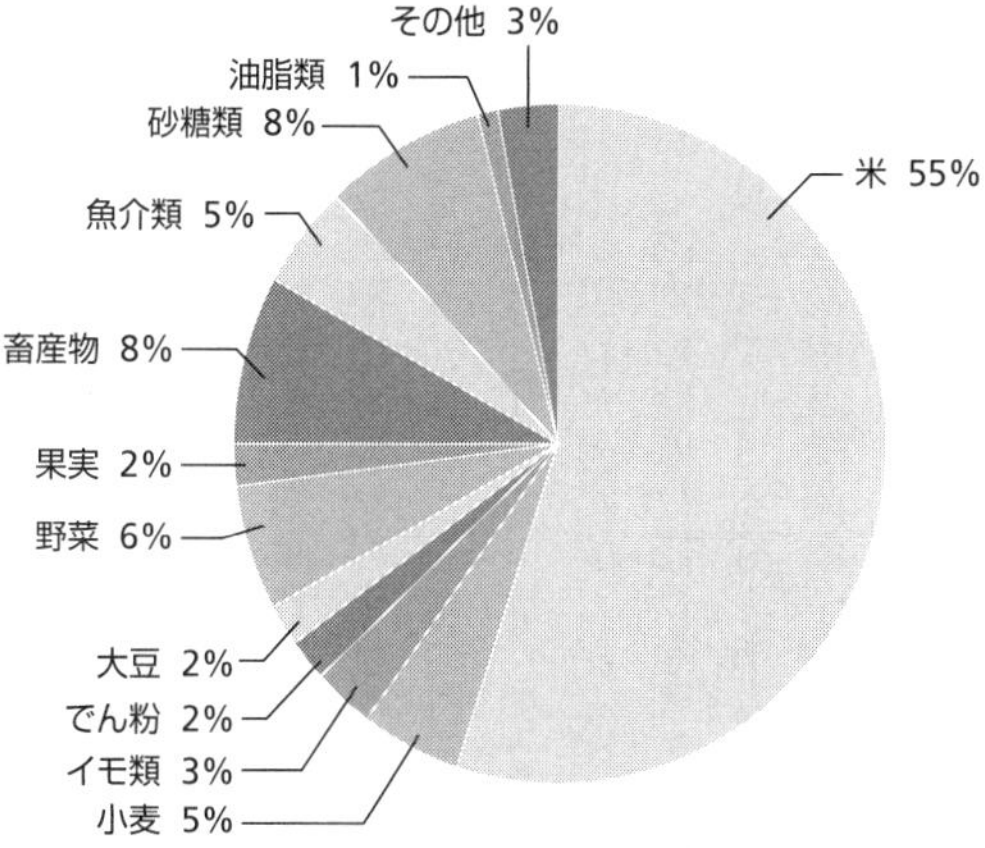

出所：農林水産省「令和2年度食料自給率・食料自給力指標について」より筆者作成

図39　農業生産額と食料自給率（2018年）

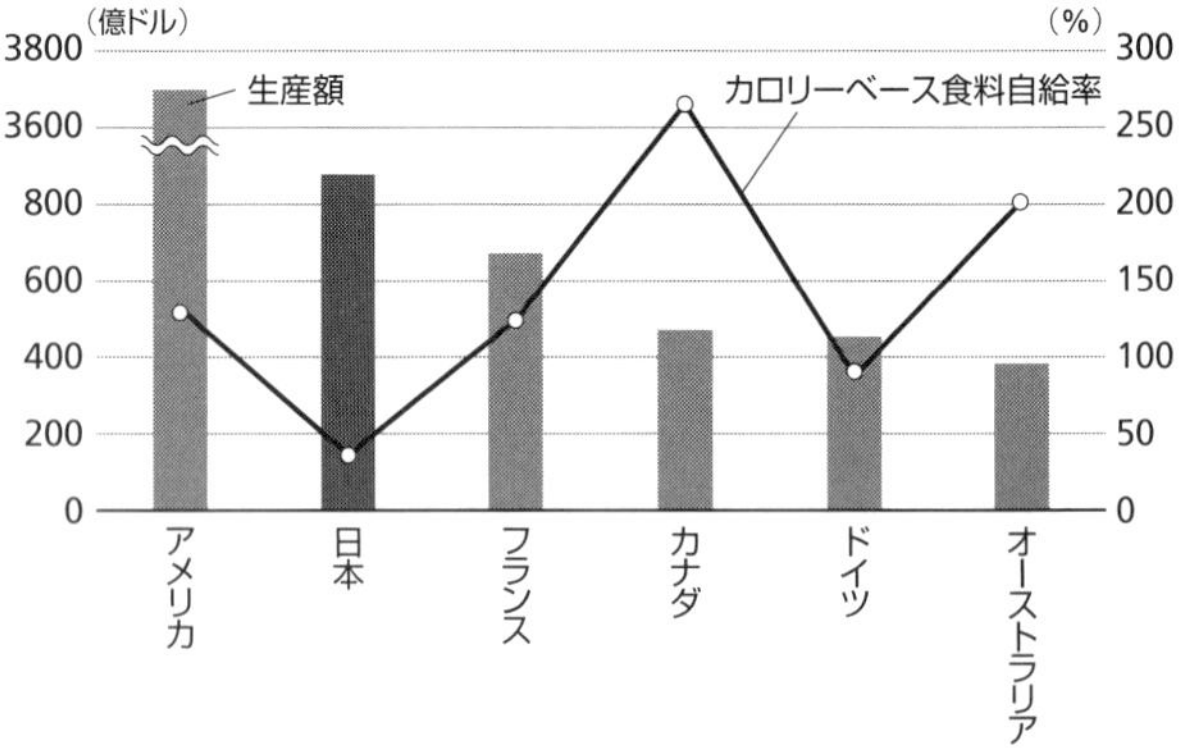

出所：農業生産額についてはFAOSTAT "Value of Agricultural Production"、
食料自給率については農林水産省「世界の食料自給率」より筆者作成
注：食料自給率は右目盛り

減少したとしても（仮に4％とする）、米輸出が行われる場合の食料自給率は62％（20％×243％＋17％−4％）となり、目標とする45％を大きく超える。しかし、減反を止めると米価が下がるので、JA農協がこれを農林水産省に許さない。

図39のように、輸出国の食料自給率はほぼ100％を超えている。なお、日本の農業生産額がフランス、カナダ、オーストラリアよりも大きいのは、日本が優れた農業国だからではない。関税や減反で、国内の農産物価格を国際価格よりも政策的に高くしているからである。国際価格で計算すると、日本の農業生産額は約半分くらいになる。食料自給率が低い日本の生産額が、フランスなど食料自給率が100％を超える農業国を上回るのは、農産物価格を関税などの政策で高くしているというカラクリがある。

第五章

持続可能な日本の水田農業

日本が守ってきた水田

我が国の水田農業は３０００年の歴史を持つ。小麦に比べ、一粒からより多く収穫できる。日本人は米作・水田を軸として生命・生活を支えてきた。水田農業のためにはりめぐらせた水路は、地球の10周分もの長さになる。どこかで水路が詰まると、全員の田に水は流れなくなる。このため、水路の泥上げなどは集落全員の共同作業となる。皆が豊作を祈り喜ぶ祭りは、集落の一体感を醸成させるイベントだった。こうして〝全員一致の和の原理〟と言われる協調性の高い社会ができあがった。

経済も米を中心に動いた。武士の給料も米で払われるなど、江戸時代の経済は米本位制といってもよいものだった。米は農業の中心というより、経済の中心だった。今では、先物取引は、商品から金融・為替まで広い範囲で行われているが、世界で初めての先物市場は、１７３０年に開設された、大坂・堂島の米市場だった。明治の殖産興業も、江戸時代の年貢を金納に切り替えた地租によって賄われた。

ところが、我が国の先祖が長きにわたり守ってきた米作や水田農業は、農政トライアングルによってこの50年のうちに急速に縮小されている。ここでは、世界的に見て、水田農業がどのような特色を持っているのかを示したい。

キング教授『東アジア四千年の永続農業』

17ある国連〝持続可能な開発目標〟（ＳＤＧｓ）の2番目は、「飢餓に終止符を打ち、食料の安定確保と栄養状態の改善を達成するとともに、持続可能な農業を推進する」である。

　生命維持に必要なカロリーを供給する穀物の生産は、米を作る水田農業と小麦やトウモロコシなどを生産する畑作農業に分かれる。畑で作られる大豆も重要な作物である。水田農業は主に日本などアジアモンスーン地域で、畑作農業は主に欧米で行われている。

　水田農業は極めて持続的である。１９０９年、日本、朝鮮、中国を訪問したウィスコンシン大学の土壌学者、フランクリン・キング教授は、わずか数十年の間に激しい土壌侵食を生じてしまったアメリカ農業に比べ、数千年の間持続的な農業を行い多数の人々を養ってきた水田農業に驚嘆し、『東アジア四千年の永続農業』（Farmers of Forty Centuries）という書を著した。今でも、同大学ではキング教授の教えを受け継ぐ「F. H. King 持続的農業クラブ」が精力的に活動している。

　すでに見たように、畑作農業には、同じ農地に毎年同じ作物を栽培すると収量が落ちる連作障害という現象があるので、トウモロコシのあとには大豆を作付けするなどの輪作が行われてきた。これに対して水田農業では、毎年同じ米を作付けしても収量は落ちない。輪作など不要である。

しかし、ある大使館主催のセミナーで、カナダの農家が、日本で米を作るのはモノカルチャーで問題であり、環境のためにも輪作すべきだという趣旨のことを主張していたのには唖然とした。無知に傲慢さが加わったような主張である。欧米人は水田農業についてほとんど知らない。彼らがココアやコーヒーなど途上国に強いたモノカルチャーと水田農業を同一視すべきではない。

世界の畑作農業の非持続性

世界の畑作地域の一部では、〝土壌流出〟〝地下水枯渇〟〝塩害〟（塩類集積）などにより生産の持続が懸念されている。

農地に外部から人工的に水を供給することを「かんがい」という。かんがい地域の一部においては、過剰な取水や揚水に伴う、河川の断流や地下水位低下等の水資源の枯渇、不適切なかんがいによる塩害の発生が、指摘されている。

かんがいのための過剰な取水により、アメリカ大平原の地下水資源オガララ帯水層の5分の1が消滅している。中央アジアでは、ソ連が綿花生産を行うため、アラル海にそそぐ二つの川の水を大量に使用したため、アラル海は干上がってしまった。これは20世紀最大の環境問題といわれる。

　排水が十分にできないと、土の中にたまったかんがい水に土壌中の塩分が溶ける。さらにかんがいを行うと、地表から土の中に浸透する水と、塩分をためた土の中の水が、毛細管現象でつながってしまい、塩分が地表に持ち上げられ、土壌表面に集まる。乾燥地では強い日差しの下で蒸発散量が大きいため、塩分は表土に堆積してしまう。これでメソポタミア文明が滅んだ。また、アラル海周辺の畑では、地上にたまった塩を貴重な土ごと水で洗い流している。

　植物が生育するために、土壌には植物が水を吸収できる保水性と呼吸できる通気性という相矛盾する機能が要求される。これは土壌の団粒構造と呼ばれるもので、それを作るためには有機物と土壌微生物等が必要である。このような構造や肥沃度を持つ土壌は、表面から30㎝程度の深さ以内の「表土」と呼ばれるものに限られており、このような構造を持たない土壌では多くの植物は生育できない。

　しかし、表土の生成速度は１㎝につき２００〜３００年と推定されており、30㎝の表土は６０００〜９０００年という長い期間をかけて形成されたものである。これが失われることは、農業生産力をほとんど放棄することに他ならない。風や水に土がさらされると、土壌侵食が進行する。

アメリカでは土壌侵食が発生しやすい地域が多いうえに、大型機械の活用により表土が深く耕されるとともに、機械の専用機化により作物の単作化が進み、収穫後の農地が裸地として放置されるので、土壌侵食がさらに進行する。

1930年代、アメリカの大平原地帯では、開拓された農地から強風により表土が吹き飛ばされ、シカゴやニューヨーク等まで飛来するダストボウルという現象が発生した。スタインベックの『怒りの葡《ぶ》萄《どう》』の舞台である。これを契機として、アメリカ農務省に土壌保全局（現在は天然資源保全局）という特別の組織が設置され、対策が講じられてきている。

アメリカでは、非耕法（土を掘り起こさない）、等高線耕作、作物残《ざん》さ（栽培後に圃場に残る植物体）の放置等の方法も実証されている。しかし、非耕法を用いれば雑草防止のため、作物残さを農地に放置すれば害虫除去のため、それぞれ農薬をより投下しなければならない。アメリカで遺伝子組換え農産物が普及した理由の一つに、土壌侵食防止にも資するような、農薬や害虫に強い農産物を開発したことが挙げられる。

アメリカやオーストラリア等の農業は地下水や土という代替不能でかつ再生不能な資源を枯渇させながら行われており、持続可能な農業とはいえない。人口増加が進む途上国においても、焼畑農業の休閑期間が短縮され生産性が低下するため、焼畑農地の拡大により熱帯林がさらに減少する。アフリカの乾燥地では過放牧により砂漠化が進行している。

大規模なアメリカ、オーストラリア等の農業の方が短期的には零細なアジア水田農業よりも低コストなので、農産物貿易が行われれば、負の外部経済性を持つ持続可能でない農業が正の外部経済性を持つ持続可能な農業を駆逐《くちく》してしまう恐れがある。土壌流出、地下水枯渇、塩害等の外部不経済性をどのように生産に反映していくのかという課題がある。

持続可能な水田農業

東アジアの「水田」は、土壌流出、連作障害、塩害という問題を極めて上手に解決した。水田は水の働きによって森林から養分を導入するとともに、有害な物質を洗い流すことによって、窒素などの地下水への流亡、連作障害、塩害を防ぐ。つまり、「水に流し」てきたのである。中国の長江流域で７０００年もの間、米作農業が、連作障害もなく、毎年継続できたのもこのためである。また、水田は雨水を留め、表土を水で覆うことによって、雨や風による土壌流出を防ぐ。

日本農業の多面的機能のほとんどは、畑ではなく水田の機能である。人工の生産装置である水田（作付け地を水平にし、畦で水を留める）で米を作ることで、水資源の涵養、洪水防止等の多面的機能が発揮される。水田は、水資源を涵養する緑のダムである。

水田は、生物多様性にも貢献している。水田は、メダカ、ドジョウ、トンボ、カブトエビなどの貴重な生息場所である。岡山平野を流れる祇園《ぎおん》用水には、日本にいる淡水魚の半分近く、およそ30種類が生息している。特に、ドジョウの仲間で絶滅が危ぶまれているアユモドキは、岡山平野と京都府の一部でしか確認されない国の天然記念物である。田植え時の水が入った水田でアユモドキは産卵し、子供たちは成長する。水田と用水路によってアユモドキは絶滅を免れている。

これは人が作り上げた〝二次的自然〟の効果である。二次的自然とは、人間活動によって創出されたり、人が手を加えたりすることで管理・維持されてきた自然環境のことである。人が手を加えなくなると、遷移が進み、これに特有の動植物が生息できなくなる。

フナやドジョウなどは、泳ぎ回ることで、土を粉砕し根付き始めた雑草を除去するとともに、土を巻き上げることで太陽光が雑草に届かないようにして光合成を妨げる。つまり除草作用を持つので、農薬の使用を抑制できる。

アジアモンスーン地域の水田による米作こそ、世界最高の環境にやさしい〝持続的農業〟である。その中でも日本の水田は他の地域よりも温暖化ガスであるメタンの発生が低いという特徴がある。温室効果ガスのうちメタンは、CO_2の１２０倍の温暖化効果を持つ反面10年程度（CO_2は数千年持続）で消滅するので、その削減効果は極めて大きいといわれる。日本では酸素を含んだかんがい水をたびたび供給したり、生育の途中で水を抜き土にヒビが入るまで乾かす中干しを行ったりすることで、酸素がない還元状態が引き起こすメタン発生を防止している。

ただし、日本の米作に課題がないわけではない。農薬を投下して生物を殺したり、水路をコンクリート張りにして水生動物にとっての水路と水田の通り道を塞いだりすることで、生物多様性を損なうばかりか、水田の生産面での環境にやさしい機能も損なっている。

とはいえ、水田が日本の農地の半分以上を占めることは、日本の農業が、欧米の農業よりはるかに持続的であることを示している。しかし、農林水産省とＪＡ農協による減反政策、米減らし政策によって、米生産は50年で半減し、水田は３５０万haから２４０万haへ大幅に減少した。また、５００万トンの米を減産して持続性の極めて高い水田の米農業を圧迫し、８００万トンの麦を輸入してアメリカ等の持続性に問題がある農業を振興している。これは国連のＳＤＧｓに反しているのではないだろうか。

第六章　食料危機を作る農政トライアングル

「農は国の本」と言いながら米の生産を減らす農政

これまでＪＡ農協、農林族議員、農林水産省の農政トライアングルが行ってきた政策は、自身が掲げた食料安全保障や多面的機能という目的を大きく損なうものだった。彼らの大きな特徴は、主張していることと行っていることが真逆だということである。

米は国民の主食だと言いながら、その生産を懸命に減らしてきた。国内政治でも国際的な通商交渉でも、日本ほど食料安全保障を主張する国はない。日本の要求によって導入された関税化の特例措置を規定したＷＴＯ農業協定附属書５は、これは食料安全保障のための措置だとしている。しかし、食料安全保障に不可欠な穀物生産と農地面積を、日本ほど減少させた国を私は知らない。ＪＡ全中（ＪＡ農協の政治組織）の会長や農林族議員は、「農は国の本《もと》なり」という時代がかった言葉をお題目のように唱える。しかし、輸入途絶時に国民が必要とする食料の半分も供給できない農業にしておいて、何をもって「国の本」と言うのか。

また、農政トライアングルは、ＴＰＰに参加すると、日本農業はアメリカやオーストラリアなどによって壊滅すると主張した。しかし、日本農業の中心だった米農業は、ＴＰＰで関税を下げる前に、すでに彼ら自身の手によって瀕死《ひんし》の状態になっている。

図40が示す通り、明治以降、農民は米の増産に努めてきた。特に、大凶作となった終戦時1

図40　米生産量の推移

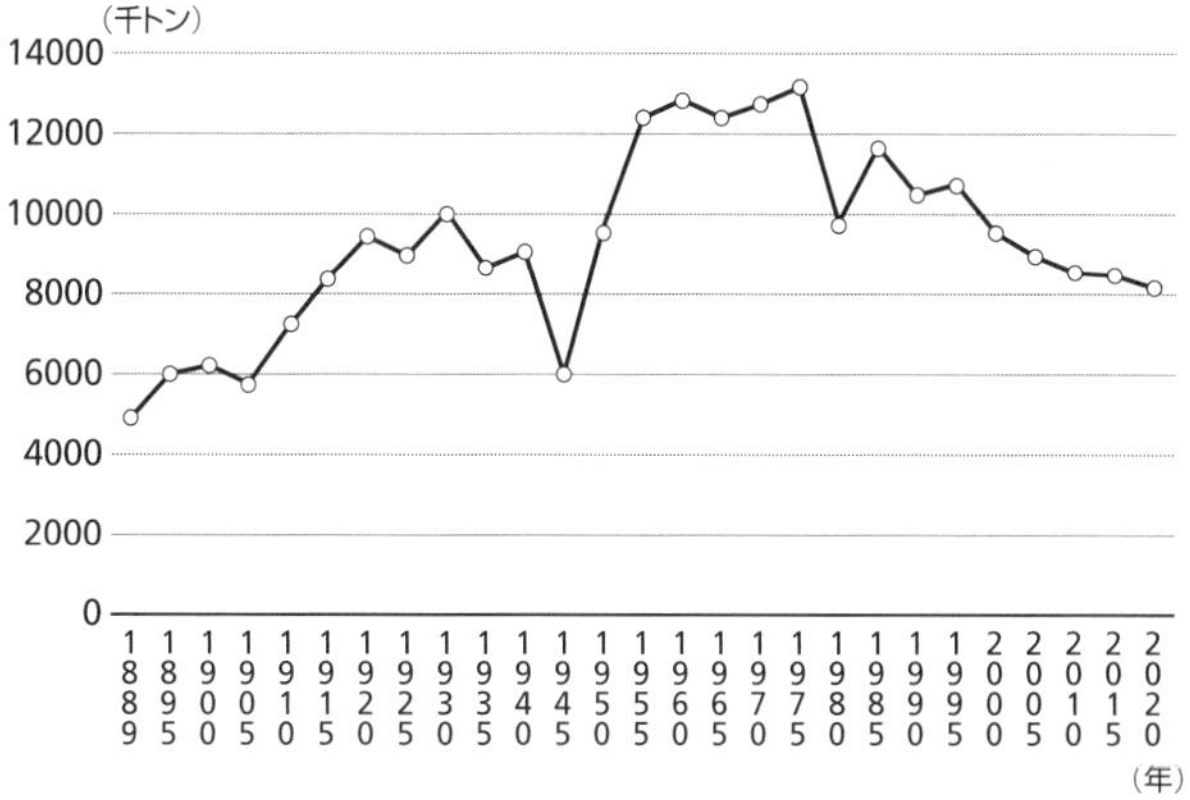

出所:『農林水産省百年史』および農林水産省「作物統計」より筆者作成
注:1石=150kgとして換算した

９４５年の食料難を経験して以降、食料増産の旗印を掲げ、どれだけ単収を伸ばせるか、〝米作日本一〟という賞の獲得を目指して競い合っていた。試験研究機関の研究者たちも、単収向上のための品種改良に精力的に取り組んできた。この努力を一気にくじいたのが、農政トライアングルが推進している減反政策だった。単収向上はタブーとなり、減反面積の目標達成のため食料供給に必要な農地が宅地等に転用されたこともあった。米価を維持するために、農業界は食料の安定供給という責務を放棄したのだ。

農政トライアングルが守りたい利益とは？

では、農林水産省が50年以上も継続している減反政策が、農家や農業の利益になっているかというと、そうではない。減反による高い米価は、米の需要を減少させた。需要が減退するということは、産業として衰退するということだ。

ＪＡ農協は、「減反を止めて米価が下がると、米に依存する主業農家が困る」という主張を繰り返し行ってきた。しかし、それなら欧米のように主業農家に限って直接支払いをすれば米価を高くしなくてもよいのに、これには選別政策だとして反対する。ＪＡ農協が主業農家を持ち出すのは、都合のよいときだけだ。本音は数が多く、かつサラリーマン所得が多い兼業農家を維持したいのである。ＪＡ農協が言う「多様な」農業の共存というのは、市場に任せておけば存続できない零細な兼業農家を温存するという趣旨だ。

米価が高いため、規模の小さい兼業農家も、高コストをある程度米価で賄えるので、米農業を継続した。収益とは、価格に販売量を乗じた売上高からコストを引いたものである。農業で生計を立てようとする主業農家が、農地を集積して規模を拡大し、コストを削減すると収益・所得は上がる。しかし、高い米価で零細な兼業農家が米農業を続けるので、主業農家は農地を借り入れることはできない。ＪＡ農協の主張とは逆に、高米価は主業農家を苦しめた。農林水産省やＪＡ農協がなければ、米作は他の農業と同じように、主業農家主体の農業となっていただろう。

一時的に主業農家の経営が苦しくなれば、直接支払いをすればよい。サラリーマン収入で生活している兼業農家には、直接支払いは必要ない。しかし、米価を下げて主業農家に直接支払いをすると、主業農家だけでなくこれに農地を貸して地代収入を得る地主（兼業農家）にも直接支払いの利益は及ぶ。補助金でも税でも、交付されたり課税されたりする人以外にも、利益や負担が生じることは、経済分析が示すところだ。

もはや農家は弱者でもなく豊かになっているのに、農業村の学者・研究者は、ＪＡ農協の主張に同調し、こぞって弱者である農家、とりわけ小規模農家を関税や高い米価で保護すべきだと主張する。ところが、１９７０年代までは、農業経済学者は、ＪＡ農協が農家や農業の利益を無視し組織の利益を優先して活動することを激しく指弾してきた。

しかし、ＪＡ農協の力が強くなるにつれ、ＪＡ農協批判は影を潜め、多くの学者・研究者はその擁護者となった。講演料の支払いや研究費補助などでＪＡ農協から援助を受ける者もいる。国立大学の教授でありながら、ＪＡ農協の研究所の所長をしていた人もいる。一般の公務員と異なり、大学の教員には兼業禁止義務は適用されないようだ。農業が先細る中で、金融事業で巨万の利益を上げるＪＡ農協は、農林水産省や農業村の学者・研究者からすれば、頼みの綱、救いの神である。援助を受けていなくても、ＪＡ農協を批判すれば「おたくの学生は採用しないよ」と言われる。正論は抑えて、ＪＡ農協のお抱え学者になった方が得である。こうして、学者・研究者も農政トライアングルの一員となった。原子力村と同様である。

減反を止めて米価が下がれば、コストの高い零細農家は退出して主業農家に農地が集まる。

主業農家に対する直接支払いは、地代負担能力を強化し、農地の流動化・集積を促進する。こうして、主業農家の規模が拡大すれば、そのコストが下がり所得・収益は上昇する。主業農家の経営が改善すれば、農地の出し手である地主（兼業農家）に対する地代も上昇する。

また、減反（転作）しないで米だけ作った方がコストは下がる。しかし、減反面積全体の60％を15ha以上の主業農家が引き受けて、米以外の作物を作っている。１ha未満の農家は経営する水田面積の１割も減反（転作）していないのに、15ha以上の農家はその５割を減反している。減反（転作）を多めに引き受けないと、兼業農家が農地を貸してくれないからだ。

零細な兼業・高齢農家の多くは片手間農家なので、収入からコストを引いた米作の収益計算などはしない。米の販売収入が米所得だと理解している。しかし、実際に肥料、農薬などのコストを引いて所得を出している農林水産省の統計は、１ha未満の小規模農家の収益は赤字だと示している。この人たちが集落に20戸いようと１００戸いようと、全て赤字である。しかし、30haの農家の所得は１５００万円になる。小規模農家が主業農家に農地を貸せば、彼らは貸し手として地代を受け取ることができるので、１５００万円を集落全体で配分することになる。

大家への家賃が、ビルの補修や修繕の対価であるのと同様、農地に払われる地代は、地主が農地や水路等の維持管理を行うことへの対価である。地代を受けた人は、農業のインフラ整備に当たる農地や水路の維持管理を行う。地主には地主の役割がある。

健全な店子（担い手農家）がいるから、ビルの大家（地主）も家賃で補修や修繕ができる。このような関係を築かなければ、農村集落は衰退するしかない。農村振興のためにも、農業の構造改革が必要なのだ。実は、一度限りだったが、２０１１年にＪＡ農協がこれと同様の主張を行ったことがあった。

農家に直接支払いがされても、交付されない農協は利益を受けない。価格低下で販売手数料収入は減少するし、零細兼業農家が農業を止めて組合員でなくなれば、ＪＡバンクの貯金も減少する。構造改革とは選別政策である。規模拡大による構造改革をすれば農村は所得が向上し救済されるが、農家戸数が減少するのでＪＡ農協は政治的にも基盤を失う。

他の農業に比べて圧倒的に多い米農家戸数とこれに裏打ちされたＪＡ農協の政治力を反映して、米に予算が集中する。米の生産額は１兆６４００億円で農業全体（８兆９４００億円）の18％である（２０２０年）。しかし、米については、減反補助金など農家に直接交付されるものが３５００億円、これに輸入米や備蓄米の買い入れ・管理費が８００億円、中山間地域等直接支払い、多面的機能支払交付金や農業農村整備事業などに含まれる米関係予算を６０００億円と仮定すると、これで国費１兆円となり、国の農業予算１兆７０００億円の６割を占める。

中山間地域等直接支払いや農業農村整備事業などの自治体負担を入れると、納税者の負担は総額１兆４０００億円に上る。別の見方をすると、米に１兆４０００億円の税金を投じても、

1兆6400億円の生産額しか上げていないことになる。

戦前から農林水産省は、JA農協（当初は産業組合）を政府に対する米の集荷団体として活用・育成してきた。JA農協と米の関係は特別なものがある。他の農業にはJA農協以外にも集荷や販売を行う専門農協（例えば酪農業協同組合）があるのに、米にはJA農協以外の農協はない。

JA農協の立場で考えると、どうして米農業にだけ兼業農家がたくさんいるのか、どうして農林水産省は欧米のような直接支払いではなく高米価政策を推進するのかが理解できる。日本の農政が価格に固執するのは、欧米にはないJA農協という組織があるからである。

アメリカにもEUにも農家の利益を代弁する政治団体はある。しかし、これらの団体とJA農協が決定的に違うのは、JA農協それ自体が経済活動も行っていることである。このような組織に政治活動を行わせれば、農家の利益より自らの経済活動の利益を実現しようとする。その手段として使われたのが、高米価・減反政策である。高米価政策とJA農協の金融事業を兼務できるという特権的な権能がうまく結びつき、JA農協は日本有数のメガバンクに発展した。しかし、高米価で兼業農家が滞留したため、農業で生きていこうとする主業農家に農地は集積せず、米農業は衰退した。

日本でも、戦前は経済活動を行う団体と政治活動を行う団体は分かれていたので、このような問題は起きなかった。JA農協の前身である産業組合は、政治活動を行わなかったのである。

高米価で利益を得るＪＡ農協を擁護しないと、農林族議員は当選できない。農林水産省は農林族議員に逆らうと予算も獲得できないし、職員は出世もできない。また、ＪＡ農協は貴重な天下り先である。このＪＡ農協、農林族議員、農林水産省の農政トライアングルが、農政を仕切っている。このような癒着の関係は、戦前には存在しなかった。ＪＡ農協が激しい米価引き上げ闘争を展開した高度成長期以降に形成されたものである。今では、農林水産省の職員はＪＡ農協と農林族議員の方を向いて仕事をしている。その目が国民に向くことはない。

戦前の農政の構造

１８９０年に開設された帝国議会の選挙権は直接国税15円以上納税の満25歳以上の男性に与えられた。当時税収のほとんどは地主が納める地租だったので、衆議院の選挙権を持つ者の多くは地主だった。地主階級は帝国議会を舞台に強力な政治力を持った。

収穫物の半分を小作料として徴収される小作人と地主との間で、小作争議が頻発した。戦前の農政官僚たちは、小作人の地位向上のために、地主階級とその利益を代弁する帝国議会に、執拗《しつよう》なほど挑戦した。しかし、小作権を強化しようとした小作立法は、地主階級にことごとく反対された。やっと認められたのは、手続法にすぎない小作調停法である。当時は、地主階級の利益を代弁する帝国議会に、小作人の立場に立つ農林省が対峙《たいじ》するという関係だった。農林水産省が農林族議員の言いなりになるという現在の関係とは、大きく異なっていた。

１９３０年の昭和恐慌の際には米価が暴落し、その翌年は東北や北海道で凶作となり、東北では娘を身売りするという悲惨な状況になった。農林省は、農村を救済するため、〝農山漁村経済更生運動〟を展開する。農林省に支援されて、農民の互助組織として幅広い事業を行う産業組合が、全町村に、かつ全農家を加入させて、設立された。

この産業組合が今日の「ＪＡ農協」の起こりである。ＪＡ農協は、農民が自主的に作ったのではなく、農林省が作ったものである。農林省は産業組合の米や肥料の販売活動などに対して、民間の事業者から大規模な反産（反産業組合）運動が起きるほどの支援を行った。このような経緯から、ＪＡ農協はかつて「米肥農協」と呼ばれた。産業組合が発展したのは、農林省のおかげである。このため、当時の産業組合は、今のＪＡ農協のように、国会議員を通じて農林水産省に圧力をかけるなどの行為は行わなかった。

農林省と対立する地主階級が政治運動の拠点としたのが農会組織である。ところが、１９３７年日中戦争開始以降、国を挙げての総力戦となったため、食料という基礎物資を供給する農業は、戦時体制に深く統合されていった。米穀の政府への集荷や流通統制に利用していた産業組合と農業技術指導や政治活動を行ってきた農会組織を統合して、１９４３年、戦時統制団体である〝農業会〟が設立された。肥料などの生産物資の農家への配給、農家から政府への農産物の供出など、農業・農村の全ての活動は、農業会によって統制されることとなった。ここで、政治団体と経済団体が統合されたのである。

食糧管理法を利用した地主制の弱体化

戦時となって政府に強大な権限が集中したことは、小作人解放を悲願とする農林省に有利に働いた。

まず、１９３８年、小作権を権利の弱い債権（新しい所有者に小作権を主張できない）ではなく物権並みに強化するという、小作人擁護の農地調整法が成立した。戦時下なのに農村で小作争議を起こすなどもってのほかというのである。

次に、食糧管理法の下で、生産者が作った米は、地主に納められる米納小作料を含め、自家消費米を除き、すべて政府に売ることが義務づけられた。その際、農業生産力増強という名目で、食糧管理法による政府買い入れ価格に生産者（小作）米価と地主米価を設け、生産者米価を地主米価よりも高くした。小作人は小作米を高い価格で直接政府に売り、その販売代金から安い小作料（地主米価）を地主に払うようにしたのである。

１９４１年（当初は１９４０年米穀管理規則による）に、１石（１５０kg）当たり生産者米価49円、地主米価44円としたのが始まりで、１９４６年には生産者米価５５０円、地主米価75円となり、小作人の販売額に占める小作料の割合は１９４１年の52％から１９４６年には６％まで減少した。農林省は、食糧管理制度を使って地主制度の解体を進めた。

農地改革の政治的意味とＪＡ農協の設立

小作人解放への農林官僚の執念が実ったのが、戦後の農地改革である。後にＧＨＱ（連合国軍最高司令官総司令部）の支援を受けたが、戦後の経済改革の中で、日本政府からの発案によるものは農地改革だけである。

終戦直後の食料難でヤミ市場の価格が暴騰したので、政府が消費者に米を配給しようとしても、農家は政府に米を売ろうとしない。そこで、農林省は、戦時統制団体だった農業会を〝農協〟に転換して、政府のために米を集荷させた。当時、農協は〝看板を書き換えた農業会〟といわれた。ここで政治活動も行うＪＡ農協ができたのである。農協は、国、都道府県、市町村からなる3段階制の組織体制の下で、中央の意向を末端に浸透させるという農業会の上位下達的、統制的な性格を引き継ぐことになった。

本来、協同組合は生協のようにボトムアップの組織である。生協の場合は、全国連と地域生協の間に上下関係はない。しかし、ＪＡ農協の場合は、保険（共済）の加入目標などが中央で決められ、全国連から末端の地域農協にノルマ達成の指示が下りる、トップダウンの組織である。しかも、農協法を作るとき、信用（銀行）事業を兼業できることをＧＨＱに認めさせたことから、農協は一大発展を遂げる。農業会を転換したＪＡ農協は、戦前の農会組織の政治力も引き継いだ。１９６０年代から１９７０年代にかけ、ＪＡ農協は激しい米価闘争を主導し、「町に総評、ムラに農協」とか、「昔陸軍、今農協」と形容された。農林省は自ら作り出したＪＡ農協をコントロールできなくなった。

農地改革は1ha程度の均質・平等な自作農を作り出した。かつて社会主義勢力に支援された旧小作人は、土地を持ったため保守化した。この均質な農村は、一人一票を原理とするＪＡ農協によって組織され、戦後の長期保守政権の基礎を作った。日本の農村を共産主義からの防波堤にし、保守政党の金城湯池にするというマッカーサーの狙い通りになったのである。

そして、農地改革の成果を固定しようとして制定されたのが、１９５２年の農地法である。今では、農地法は単なる農業法の一つだが、当時は最強の防共政策の一つだった。ＪＡ農協と農地法がなければ、自民党の長期政権は実現できなかっただろう。

農業基本法の挫折と農政トライアングルの成立

戦前小作人解放と並ぶ課題だった、零細農業構造を解決することが、次の農政の目標となった。零細な農業の規模を拡大して、コストを減少させ、農業所得を増大しようとしたのが、１９６１年の農業基本法である。しかし、農業基本法は、当時の最大野党、日本社会党から貧農切り捨てというイデオロギー的な反発を受けた。与野党が激しく対立する法案となり、かろうじて国会を通過した。理念としての農業基本法を実施する法案は成立しなかった。農業基本法は〝山吹法〟といわれた。「七重八重花は咲けども山吹の実の一つだになきぞ悲しき」（太田道灌《どうかん》の故事から）というのだ。

規模の大きな農家を作るということは、一人一票というＪＡ農協の組織原理に反するとともに、農民票を減少させてしまう。日本社会党だけではなく、組合員を丸抱えしたいＪＡ農協も、選別政策だとして農業基本法に反対した。

その後、国民経済に占める農業の比重が低下していくと、農林省は、予算獲得のため、与党農林族やＪＡ農協の政治力にすがるようになった。そのためには、農家戸数を維持しなければならない。政治力の源泉は票だからである。農林省は農業基本法の考えを放棄した。私は、農業基本法が成立してから16年後に農林省に入ったが、職員の誰一人として農業基本法を意識して仕事をしている者はいなかった。

こうして、戦前とは異なり、与党農林族、ＪＡ農協、農林水産省が、農政トライアングルという癒着の関係を持つようになった。ＪＡ農協は農民票を取りまとめて農林族議員を当選させ、農林族議員は政治力を使って農林水産省に高米価や農産物関税の維持、農業予算の獲得を行わせ、JA農協は高米価等で維持した零細農家の兼業収入を貯金として活用することで日本でトップレベルのメガバンクに発展したのである。

農業の発展ではなく、兼業化によって、農家所得の向上という農政の目的は達成された。1960年代後半には、食料増産も達成され、戦前銀シャリと称して、腹いっぱい食べることが夢だった米が、余り始めた。「一粒でも米は食べ残すな」という教育は過去のものとなった。国民が農業政策に興味を示すことは少なくなった。選挙で農業政策を争点と感じるのは、農業関係者だけとなった。

政治に翻弄され続ける米

明治の後半から工業化・都市化の進展や国民所得の増加によって、都市住民をはじめ国民が米を大量に消費するようになり、米価は上昇した。工業の発展により雇用労賃が上昇したため、地主は農業経営を止め農地を小作に出すようになり、小作料に収入を依存するようになった。地主勢力は寄生化、不耕作化していった。

小作料の米物納制の下で収穫物の半分の米が地主に集まった。需要増加で売り手市場となった米市場で、流通量の半分をコントロールする地主階級は売り手として大きな力を持った。

地主は、関税の導入によって市場への供給を制限することにより、さらに米価を引き上げて、収入の増加を図ろうとした。賃金の引き上げにつながるとする産業界の反対があったが、１９０５年、日露戦争の戦費調達のため15%の米・籾関税が導入され、１９１０年、年1俵（60kg）当たり1円の従量税として恒久化された。１９３１年からは関税ではなく輸入数量を直接制限するようになった。１９９９年に関税化されるまで、米の輸入制限は、約70年間も継続された。

植民地米の流入と減反の提案

１９１８年に米騒動が起きた。米相場が短期間のうちに倍以上に騰貴する事態の下で、全国各地で打ちこわしなどの騒動が発生し、寺内内閣は倒れた。しかし、米騒動の翌年米相場が暴落するなど、米市場が不安定となったため、政府が市場に介入するようになった。

米騒動で国内での米自給という前提が危うくなった。このため、大日本帝国全体として食料自給を達成しようと、内地のみならず朝鮮や台湾においても内地の嗜好に合った米の生産増大が計画された。植民地で米の生産が増加すると、内地への輸入が拡大した。ところが、米の輸入制限は、植民地米を対象とするものではなかった。植民地の農業は朝鮮総督府や台湾総督府の権限下にあり、農林省の権限は及ばなかった。

この結果、大恐慌後の１９３２年、33年の両年、内地は凶作だったにもかかわらず、朝鮮や台湾からの米輸入を制限できなかったため、米価は低迷した。農家は不作と米価低下の二重の打撃を受けたのである。１９３４年農林省は植民地米も含めた米の減反を提案したが、食料の自給が必要だとする陸軍省と物価の上昇につながるとする商工省から、それぞれ反対され、断念した。

主食の生産を減少させる減反は、安全保障の対極にある政策である。ロシア軍がウクライナの首都キーウを攻略できなかった大きな原因は、食料などの物資の輸送（兵站〝logistics〟）が十分でなかったからである。漢の創始者である劉邦が、彼の窮地をたびたび救った軍師の張良や華々しい軍功を挙げた韓信を差し置いて蕭何を功労第一としたのは、兵站についての功績を評価したからである。残念ながら、戦後の日本には、減反に反対する政府内の勢力がなかった。

堂島米市場の閉鎖で米に自由はなくなった

植民地米の不作などで米の需給がひっ迫すると、自由な市場経済は否定されるようになった。２００年以上続いた堂島米市場は１９３９年に閉鎖され、１９４２年には政府が市場を全面的・直接的に統制する〝食糧管理法〟が制定された。なお、１９９５年に食糧管理法が廃止され、制度的に米が統制経済から解放された現在でも、ＪＡ農協の反対により、米の先物取引市場は認められていない。先物市場ができると、ＪＡ農協が米価をコントロールできなくなるからだ。しかし、先物市場は、農業者からすれば価格変動リスクを回避するために有効な手段である。また、それが認められれば、農林水産省による価格変動への対策を縮小・廃止することができる。

同法では、極めて厳格な集荷・配給統制が行われた。生産者から産業組合等を通じて政府に売り渡すルート、政府から卸売業者、それと結びついた小売業者を通じて消費者に届くルートが決められ、それ以外の流通は認められなかった。今では、消費者のほとんどは米屋ではなくスーパーから購入しているが、１９８０年頃までスーパーも含め新規参入は厳しく規制され、また、卸売業者は結びついた小売業者以外への販売は認められなかった。

信じられないかもしれないが、１９８１年まで消費者は米穀配給通帳（正式名称は「一般用米穀類購入通帳」）を小売店に持っていかないと米を売ってもらえない建前になっていた。実際には、米穀配給通帳は使われなくなっていたが、東京都庁の倉庫などには、大量の米穀配給通帳が保管されていた。１９５２年に麦を間接統制に移行する改正を行って以降、食糧管理法は、生産者保護のための〝不磨の大典〟となり、実態に応じた改正が不可能となっていた。このような厳格な流通規制も、米消費を減少させる一因となった。

当初食糧管理法は、乏しい食料を貧富の差なく国民に等しく配分するという消費者保護立法だった。生産者には政府への売り渡し義務が課され、これは、３年以下の懲役刑等で担保されていた。終戦直後も高いヤミ市場での価格に比べ、政府が買い入れる価格は低く抑えられた。

食糧管理法を生産者保護政策として活用

しかし、１９６０年代以降食糧管理法は、生産者米価（政府買い入れ価格）引き上げによって農家の所得を確保するという生産者保護の法制として利用される。ＪＡ農協は、米価は農民の賃金、米価運動は農民の春闘だと主張して、激しい米価引き上げ闘争を展開した。

規模を拡大してコストを下げて所得を上げるという間接的な方法より、米価を上げた方が手っ取り早く所得を上げられる。政治家も票田を意識して支援した。これがコストの高い零細兼業農家に米作りを継続させた。

１９６０年代から１９７０年代の強烈な米価闘争は別として、ＪＡ農協の政治力を見せつけたのが１９８６年産の生産者米価決定である。この年、本来であれば生産者米価は６・６％下がるはずだった。ところが、ＪＡ農協は７月６日の衆参同日選挙に出馬した自民党候補者全員に対し、「米価は現行水準以上」というＪＡ農協の要請文書に署名捺印させた。７～８月に予定される米価決定の前に、「踏み絵」をさせたのである。この選挙で自民党は圧勝した。ＪＡ農協は「踏み絵」の結果を３８０人近い議員の顔写真入りパンフレットにし、自民党に約束の実行を迫った。

その後、農林水産省は、引き下げ幅を３・８％に圧縮して米価審議会に諮問《しもん》しようとしたが、自民党の農林部会が認めない。米価審議会に委員を招集しているにもかかわらず、自民党農林部会は諮問すらさせない。とうとう農林省ＯＢの伊東正義政調会長が出てきて、「米価審議会に諮問もさせないのはどうか。審議会の答申が出てから、党と政府で調整すればよいではないか」と説得してやっと諮問ができたという有様である。自民党農林部会は答申後、強引に米価のすえ置きを決定させた。この顚末《てんまつ》には中曽根康弘首相と安倍晋太郎総務会長との確執が絡んでいた。

しかし、ＪＡ農協は勝ちすぎてしまった。これに怒った中曽根首相は、玉置和郎総務庁長官に「農協の行政監察」を行わせた。行政庁に対してではなく、特定の民間団体に行政監察が行われたのは極めて異例である。逆にいうと、首相も農林族をコントロールできなかったのである。国民からも、農政、食糧管理制度、ＪＡ農協に対する大きな批判が巻き起こった。日本国内の動揺を見た全米精米業者協会（ＲＭＡ）は１９８６年９月、アメリカ通商代表部に米の日本市場開放を提訴した。これが、ガット・ウルグアイ・ラウンド交渉での、米の部分開放につながっていった。ある意味、米の部分開放はＪＡ農協の身から出た錆《さび》である。

生産者米価はＪＡ農協の利益に

１９６４年から１９８９年まで、肥料メーカーには、「肥料価格安定等臨時措置法」によって価格カルテルが認められた。本来の趣旨は、国際市場の価格競争で安くなる輸出向け肥料の損失を、国内向け価格を上げて補てんすることがないようにというものである。しかし、制度の運用結果は、正反対になった。１９６４年当初、輸出向け価格と同水準であった硫安《りゅうあん》の国内向け価格は、１９８９年には輸出向け価格の3倍にまで上昇した。この法律は5年間の時限立法だったが、制度の継続・延長を繰り返し要望したのは、肥料販売の9割のシェアを持つＪＡ農協である。肥料価格が高くなるとＪＡ農協は高い販売マージンを得られるからである。

食糧管理制度の時代、肥料や農薬、農業機械などの生産資材価格は生産者米価に満額盛り込まれた。ＪＡ農協が農家との利益相反となるような行為を働いても、農家に批判されない仕組みが制度化されていた。このとき負担するのは、納税者・消費者としての国民である。

図41・42は、２０１９年の肥料、農薬の日米間の価格比較である。農業資材には大きな内外価格差がある。アメリカでは日本製の農業機械が半値で売られている。補助金を受けられる農家は半分の価格で買えるので、機械メーカーは国内価格を高く設定する。肥料産業と同様、国内の高い価格で得た利益を利用した機械のダンピング輸出の可能性がある。今でも農機具代は米の物財費の3割を占める最大の項目である。

農業資材を海外から輸入する大規模農家もあるが、ほとんどの農家はコスト意識の低い兼業

図41　日米の肥料価格比較（2019年）

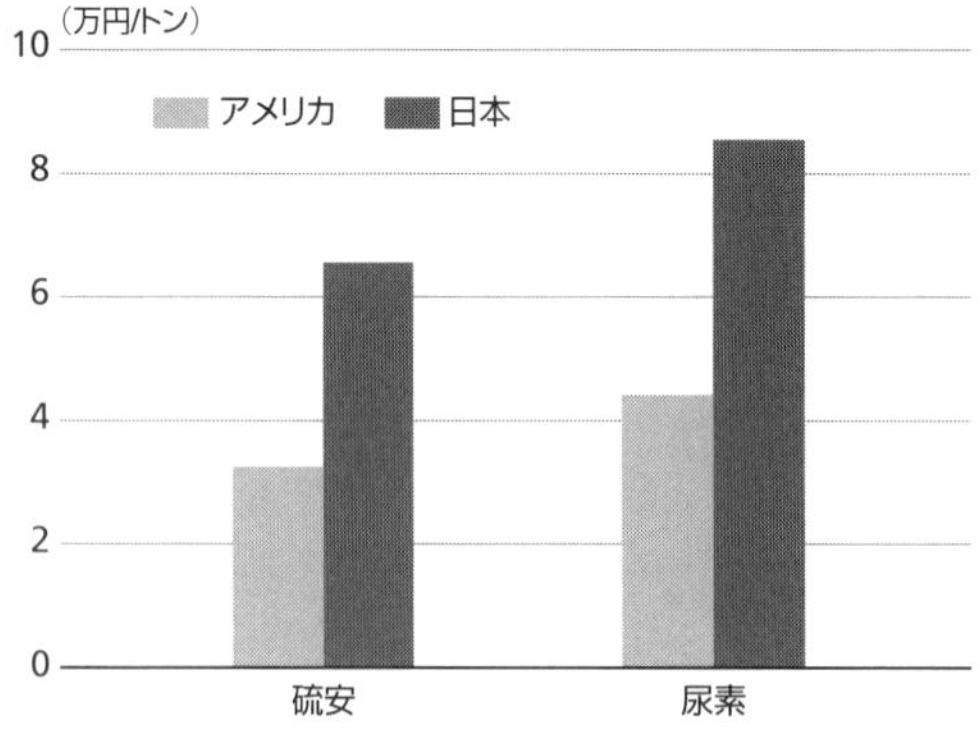

出所：農林水産省「国内外における農業資材の供給の状況に関する調査について」より筆者作成

図42　日米の農薬価格比較（2019年）

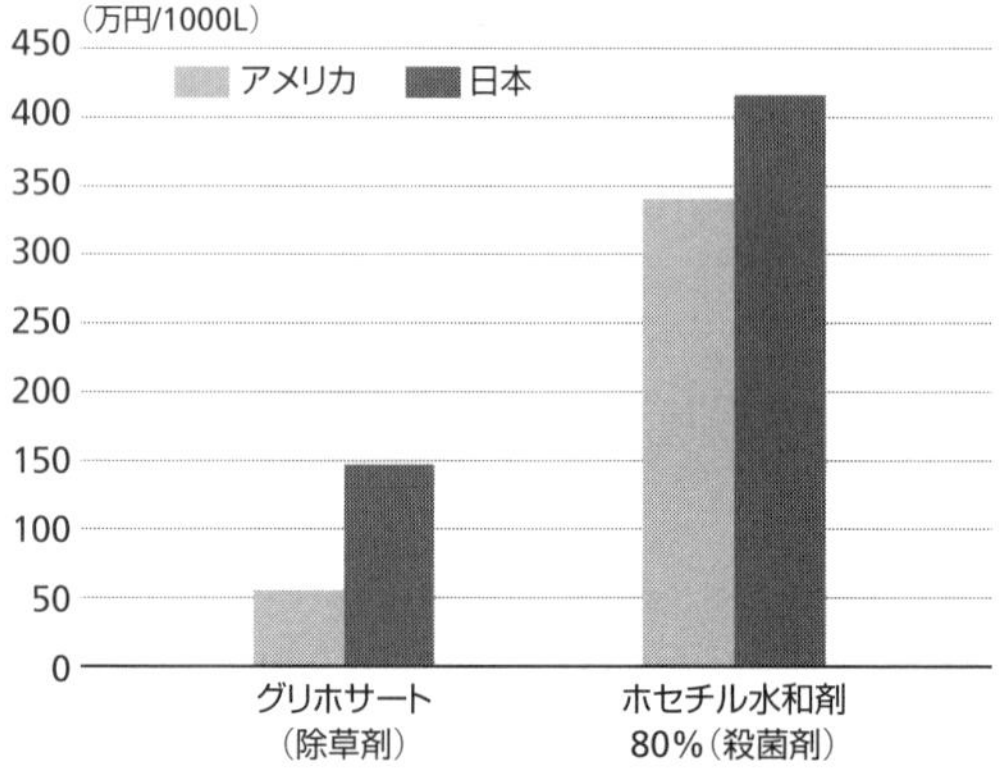

出所：農林水産省「国内外における農業資材の供給の状況に関する調査について」より筆者作成

注：グリホサートの単位は1000ℓ、ホセチル水和剤はトン

農家なので、高くても、肥料、農薬、機械を全て用立ててくれるＪＡ農協から買う。日本農業の高コスト化の一因に、ＪＡ農協が独占的な力を使って実現した、農業資材の高コストがある。機械や資材のメーカーも利益を得た。世界の農業機械メーカーの売上高ベストテンに農業国でもない日本の企業が３社もランクインしている。小規模で力のない農家が、多数団結してＪＡ農協を作り、農業資材を安く購入するという、本来のＪＡ農協の設立目的とは逆の結果となった。

赤字でも米作りを止めない農家の事情

経営耕地面積が30ａ以上または農産物販売金額が50万円以上の農家を「販売農家」といい、それ以外を「自給的農家」という。販売農家１０３万戸に対し、規模の小さい自給的農家は72万戸も存在する。自給的農家の多くは、主として家族や親類・友人等の消費用に米を生産し、残りを販売する。

米価は高く維持されているが、１ha未満の零細農家の米収支は赤字である。赤字であることを知らない農家が多いが、知っていても米作りを止めない。赤字であっても、利益があるのだ。60kg当たりコストが１万５０００円で生産者米価が５０００円だとすると、米を作れば１万円の赤字である。米を作らずに農地を貸せば、２０００円の地代を得て町で小売価格８０００

円の米を買うと、6000円の支出（赤字）で済む。米を作らない方が得である。

ここで生産者米価が1万円に引き上げられると、米作りの赤字は5000円に縮小する。町の小売価格も1万3000円に上がる。米作りを止めて2000円の地代を得ても、町で米を買うと1万1000円の支出（赤字）になる。自分で米を作った方が、赤字が少なくなる。零細農家が赤字でも米作りを止めないのは高米価のためである。高米価が零細農家を滞留させ、構造改革を阻んだのだ。

農林水産省は、建前としては、担い手への農地集積による構造改革を主張している。しかし、実際に起きているのは、零細農家の滞留である。零細農家が農地を手放さないのは米価が高いからだという根本の問題に手を付けようとしない。そのために主食のはずの米の値段が吊り上げられるばかりか、食料危機の際に必要不可欠な米の生産・供給を減少させ続けられる被害者は、日本国民なのだ。

減反が唯一の米価維持政策

ＪＡ農協に主導された激しい米価闘争の結果実現した高い米価で、消費は減り生産が増えたので、米が過剰になった。当初全量政府買い入れを要求し、減反に反対していたＪＡ農協は、食糧管理制度を守るためと説得され、補助金を条件に減反に応じた。

ところが、１９９５年に食糧管理法が廃止され、米の政府買い入れもその価格もなくなった。この結果、食糧管理制度に代わり、補助金で生産を減少させる減反政策が唯一の米価維持政策になった。これによって減反の意味が大きく変化した。食糧管理制度時代は政府の買い入れ量を制限するため、量の規制が目的だった。今では価格維持が目的で減反面積の達成（量の規制）はその手段である。

減反は政府に助成された生産者（組織しているのはＪＡ農協）による価格カルテルである。カルテルの場合、他の生産者をカルテルに参加させて高い米価を実現し、自分は自由に生産すると必ず儲かる。このようなカルテル破りが起きないよう、カルテル参加者にはアメかムチが必要となる。減反の補助金はアメとして機能している。これは、食糧管理制度時代の米を作れないことへの補償からカルテル助成金へと性質を変えた。

食糧管理制度時代には、財務省は減反推進、ＪＡ農協は反対だったが、立場が入れ替わった。以前は、都道府県の出先の職員や市町村の職員たちが、残業手当もなしで、夜に開かれる集落の集会（兼業農家がほとんどなので昼は開けない）に出かけて、減反に応じない農家を一所懸命に説得していた。その傍らで、ＪＡ農協の職員は減反反対と叫んでいた。今では、ＪＡ農協が減反の最も熱心な推進者となっている。いずれにしても、独禁法違反のカルテル行為に国が補助金を出している稀有《けう》な例ではないだろうか。

２００７年にＪＡ農協は農家からの米集荷を拒否した

２００６年以降の15年間ほど、おおむね米価は１万４０００円から１万６０００円のレンジ、中心の価格は１万５０００円で推移している（図43）。米価は下げ止まっている。

２００７年のある事件を境に、需要は減少しているのに、米価は下がらなくなったのである。米価１万５０００円前後を目指して、減反がむしろ強化された（米生産がより強力に減らされた）からである。

２００２年、政府・与党は、２００７年から政府による米の生産目標数量（減反目標）の配分を止め、減反をＪＡ農協に任せるという政策変更を行うことに合意。２００７年にそれは実施された。これは「40年間誰もやらなかった」と２０１３年に安倍晋三首相（当時）が自慢した減反〝廃止〟と全く同じ内容である。しかも２００７年は第一次安倍内閣である。40年間誰もやらなかったどころか、「６年前にあなたがやっていた」のである。しかし、２００７年当時、誰も減反廃止とは言わなかった。廃止ではなかったからである。

ところが、２００７年、米価が低下した。ＪＡ全農（ＪＡの各種事業のうち、農業部門の全国組織）は、農家への概算金（実質的な米代金）を、前年の１万２０００円から７０００円へと大幅に減額した。ＪＡ全農に売ると７０００円しか払わないという、組合員に対する事実上の集荷拒否である。売れない米を抱えると、金利・保管料を負担しなければならない。ＪＡ全農は、組合員農家よ

図43　米価の推移

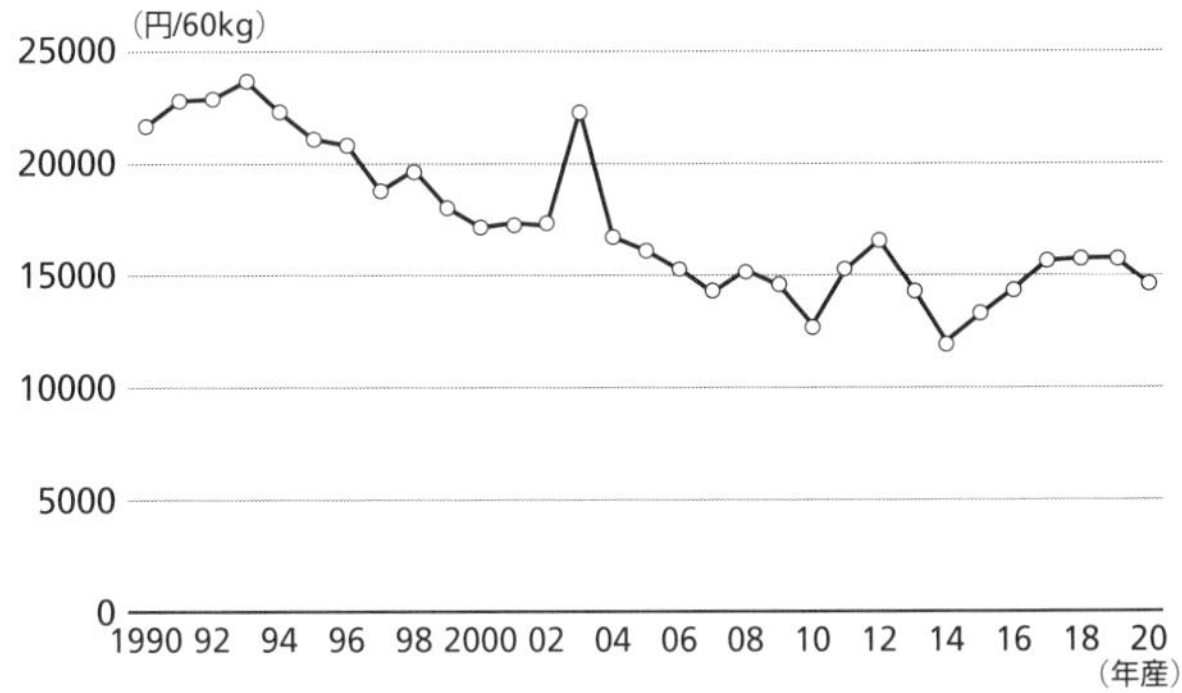

出所：農林水産省「米の取引価格について」、「米の相対取引価格・数量、契約・販売状況、民間在庫の推移等」より筆者作成

注：1990-2005年に関しては「コメ価格センターにおける全銘柄平均価格」、2006年以降については「全銘柄平均価格」の値を用いた

り自己の利益を優先した。米業界でこれは７０００円ショックといわれた。米の関係者は「農家の組織がそこまでやるか」と思ったという。

さらに、ＪＡ農協は政治力を発揮して、政府に34万トンを備蓄米として買い入れ・保管させ、米価の底上げを行ったほか、約１６００億円だった減反補助金を補正予算で５００億円上積みさせ、翌年の減反を10万ha強化して、１１０万haとした。

米政策の変更は、実施初年度で撤回され、農林水産省、都道府県、市町村が全面的に実施するという従来通りの体制に戻った。選挙を意識した自民党農林族幹部の指示により、「生産調整目標の達成に向けて考えられるあらゆる措置を講じる」など4項目にわたる「合意書」に、全国では、農林水産省局長とＪＡ農協など関係

８団体のトップが、地方でも、地方農政局長と関係団体が、それぞれ連名で署名するなど、減反の歴史の中でも異例の対応を行った。

安倍首相によるフェイク〝減反廃止〟

エサ米を転作作物と位置づけ、減反（転作）補助金を払うようになったのは、このときからである。米から自給率の低い他の農産物へ転作することに対して補助金を払うのは、米の過剰を抑制するとともに食料自給率を高めるという名目があった。しかし、麦や大豆へ転作するには新しい機械や技術が必要である。週末しか農業をしない兼業農家はこのような対応はできないので、10a当たり３万５０００円の転作補助金をもらうため、麦等の種まきをする（形だけの転作を行う）だけで収穫しない〝捨て作り〟という対応をしてきた。収穫しないので補助金を出しても生産は増えず、食料自給率は上がらない。これは、これまでの食料自給率の推移が物語っている。しかし、エサ米に転作するなら今まで通りの米の作付けでかまわない。２００８年から米を米の転作作物としたのである。

他の国では、価格の高い米は家畜のエサには向けられない。世界全体でのエサ用仕向け比率は、米４％、小麦15％、トウモロコシ63％である（２０１８年）。しかも世界で最も米価の高い日本でエサ米の振興をするのである。主食用米に比べエサ米の価格はその10分の１である。２０

２５年までに70万トンの生産目標が掲げられており、これはトウモロコシに換算すると、アメリカ等からの輸入の約４分の１相当を代替する。ＷＴＯのルールによればアメリカは日本から輸入する自動車に報復関税を打つことが可能である。エサ米は禁じ手中の禁じ手である。

本来減反（転作）の補助金は、主食用米と転作作物（ここではエサ米）の収益格差を補てんするものである。ところが、２０１３年安倍政権の減反見直しでは、このエサ米への補助金を主食用米の販売価格と同額の水準（10ａ当たり10万５０００円）に引き上げた。エサ米の販売収入があるので、主食用米よりエサ米を作った方が有利になる。２０２１年ＪＡ全中（ＪＡの全国政治団体）は、主食用米の価格維持のため、10ａ当たりの所得は、主食用米33万円に対し、エサ米は44万円＋αとして、農家にエサ米生産を呼び掛けている（２０２１年１月11日付「日本農業新聞」）。減反補助金の交付金額は、見直し前の２０１３年度２１６１億円から、２０２０年度２９６０億円へ増加している。減反は拡充・強化されたのである。これが、安倍首相が主張した〝減反廃止〟の内容である。

世界的に特殊・異常な日本の農業保護方法

日本の農業保護は、価格支持（消費者負担）に異常に偏っている。これもＪＡ農協の利益になるからである。

一部の農業経済学者によって日本の農業保護は小さいという主張が行われている。保護が小さいなら、関税を撤廃しても問題ないし、関税の代わりに財政で農家を保護する場合の必要額も少なくて済むはずである。しかし、関税は必要だし、撤廃すれば財政負担は膨大な額になるという矛盾した主張を行っている。

ＴＰＰ交渉をめぐって、農業生産額に占める財政負担の割合は、アメリカの65％に比べて日本は27％と少ないから、日本の農業保護は小さいという主張も行われた。農業の専門家の主張を信じた人もいたようである。

しかし、第一に、これは日本の農業保護の方法が、財政による補助ではなく、関税に裏付けられた高い価格によるものだという特徴を無視している。日本の保護には、財政による部分が小さいのに、財政支出だけで保護の大小を比較しようとしているのである。

ＯＥＣＤが開発したＰＳＥ（Producer Support Estimate：生産者支持推定量）という農業保護の指標は、財政負担によって農家の所得を維持している「納税者負担」と、国内価格と国際価格との差（内外価格差）に国内生産量をかけた「消費者負担」（消費者が安い国際価格ではなく高い国内価格を農家に払うことで農家に所得移転している額）の合計である。ただし、日本の消費者は国産農産物の高い価格を維持するために、輸入農産物に対しても高い関税を負担（例えば、小麦の場合、国産は消費量の14％にすぎず、86％の輸入麦に課徴金が課されている）しており、農業保護のために国民消費者が負担している額はＰ

図44　農業保護（%PSE）の国際比較（2020年）

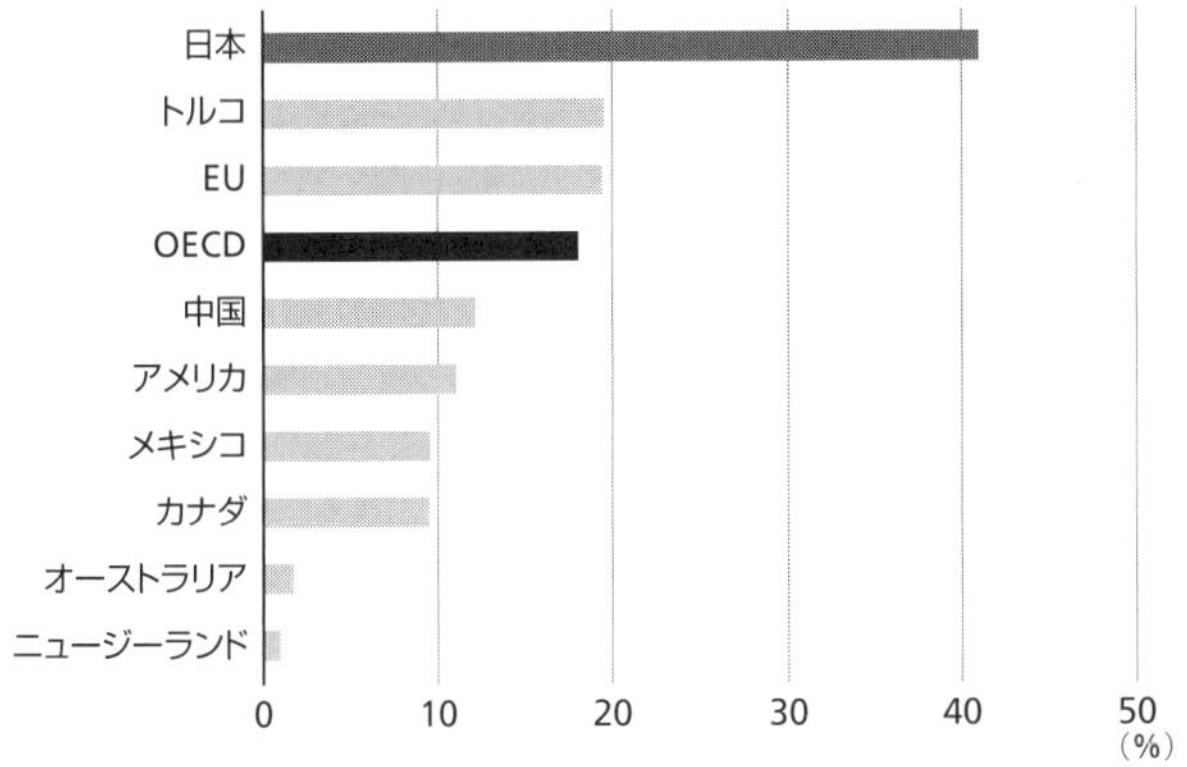

出所：OECD "Agricultural policy monitoring and evaluation"より筆者作成
注：OECDとは、OECD加盟国の平均

SEを上回る。

PSE＝納税者負担＋内外価格差×生産量

農家受取額に占める農業保護PSEの割合（%PSEという）は、2020年時点でアメリカ11・0%、EU19・3%に対し、日本は40・9%と高くなっている（図44）。農家収入の4割は保護によるものだ。しかも、近年において各国とも保護の水準が高かった1999年に比べると、アメリカは25・5%から、EUは38・5%から、それぞれ5割減少しているのに対し、日本は59・9%から3割下がった程度である。

各国のPSE内訳を見ると、消費者負担（価格支持）の部分の割合は、ガット・ウルグアイ・ラウンド交渉で基準年とされた1986〜88年

図45　PSE（農業保護）に占める消費者負担（価格支持）の割合

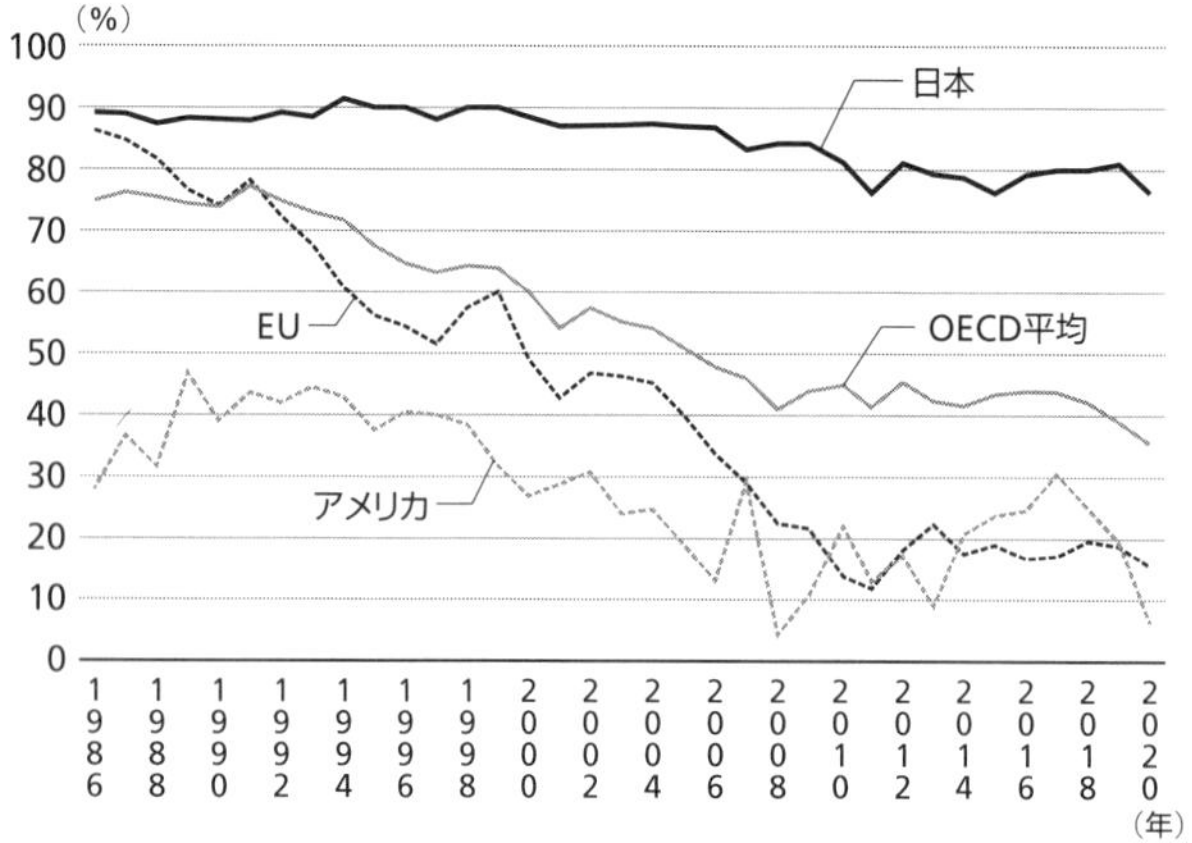

出所：OECD "Producer and Consumer Support Estimates database"より筆者作成

の数値、アメリカ37％、ＥＵ86％、日本90％に比べ、２０２０年ではアメリカ６％、ＥＵ16％、日本76％となっている（図45）。価格支持から直接支払いへ移行したＥＵの数字が激減しているのに対し、日本の農業保護は依然価格支持中心である。国内価格が国際価格を大きく上回るため、高関税が必要となる。

第二に、財政支出だけでも、日本の方がアメリカより高い。アメリカの65％という数字の根拠は不明である。アメリカの生産額は４１６３億ドルでアメリカ農務省予算１３７０億ドルはその33％（２０１８年）、日本の農業予算１・７兆円は生産額８・９兆円の19％（２０１９年）である。

しかし、アメリカ農務省の予算は一部しか農業に向けられていない。低所得者層向けのフー

図46　農業政策の日・EU比較

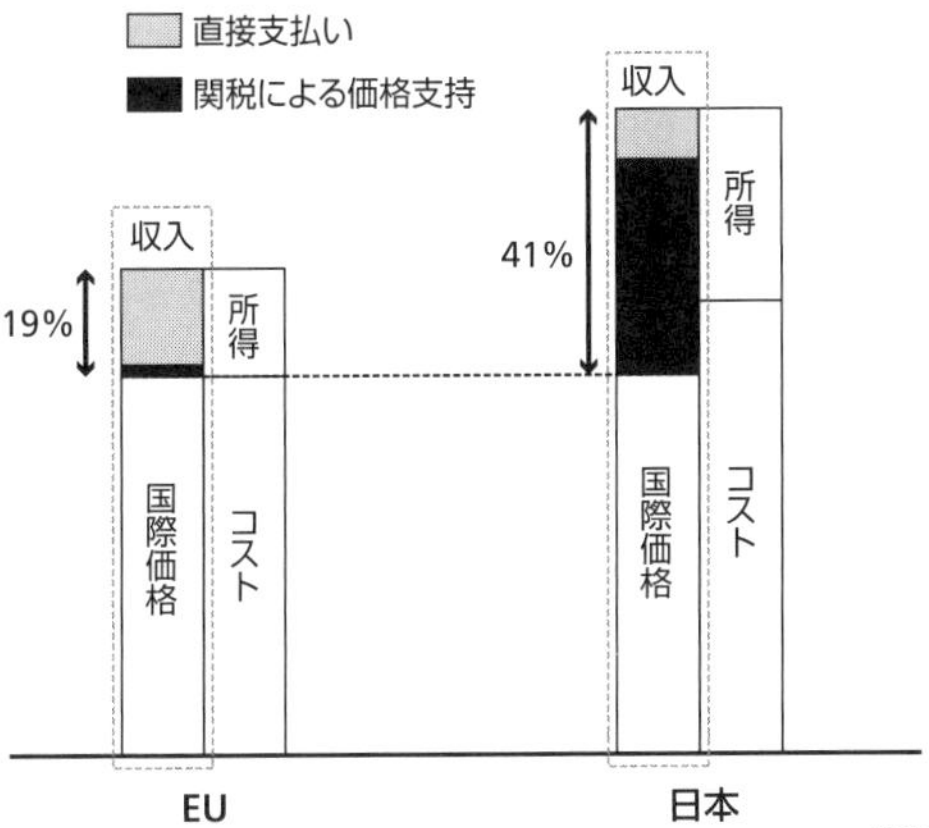

出所：筆者作成

ド・スタンプ（食料購入切符）予算は近年大きく増加し、今では９４５億ドル、農務省予算の７割を占めている。農業予算は２４７億ドル、生産額の６％にすぎない。この事実は、アメリカ農政についての基礎知識なのに、先の農業経済学者はそれを知らないで議論しているようだ。

また、ある農業経済学者は、ＥＵは農家所得の９割を財政で支援しているのに、日本は少なすぎると主張する。日本とＥＵの具体的な保護の姿を図46で示す。

価格支持ではなく直接支払いの比重が高いＥＵで、直接支払いと農家所得の比率が高くなるのは当然である。日本は直接支払いではなく高い価格で支持している部分が大きく、トータルの保護（ＰＳＥ）は農家所得を大きく上回る。

食料安全保障や多面的機能から望ましい政策

政府は高い食料品価格で農業を保護することにより、貧しい人たちが食料品を買えないようにしている。ロシアのウクライナ侵攻をきっかけに食料品価格が上昇していると騒いでいるが、消費者のことを真剣に考えているのであれば、国際価格よりも著しく高い価格を国民に強いてきた高米価政策を見直すべきだ。

農家個人所有の田畑の整備のため、毎年1兆円規模の農業農村整備事業が、公共事業として農家の負担わずか15％程度で実施されてきた。農家が投資してコストダウンを図っても、農産物価格が低下すると消費者はメリットを受けるが、農家は投資額を回収できなくなると考えて投資しなくなる、これが、農地整備という私的な投資を公共事業で行う根拠だった。農産物価格が下がらないなら、農業の公共事業の根拠は失われる。それなのに、農産物価格を下げないことを目的とする減反に50年間で9兆円、過剰米処理に3兆円以上を投入した。

また、こうして整備された農地も、簡単に宅地などに転用された。方形に整備された土地は、宅地にうってつけとなるからである。整備後8年経つと事業費の85％に相当する補助金を返さなくても済む。税金で宅地造成したも同然だ。

食料安全保障も多面的機能も、農地資源を維持してこそ達成できる。そうであれば、品目ごとの価格政策ではなく、農地面積確保のための単一の直接支払いを行えばよい。農地面積当たりいくらという直接支払いを導入するのである。このような単一の直接支払いは、ＥＵが長年の改革の末到達した農業保護の姿である。

農地の上に、米、野菜、牧草など、何を植えるかは、農家の創意工夫に任せるべきであって、農政が口を出すべきではない。農地を利用しない加工型畜産には直接支払いは交付されない。農家が基盤整備などの土地改良を行いたければ、直接支払いから支出すればよい。こまごまとした零細な補助事業がなくなり、農林水産省の組織・定員は大幅にスリム化できる。

第七章 食料危機説の不都合な真実

食料危機は突発的に起こる

日本で起こった大きな食料危機は、１９１８年の米騒動と終戦後の食料難である。いずれも輸出の急増や生産の大幅減少という一時的、突発的な事由による出来事である。最近の世界的な食料危機としては、１９７３年、２００８年、２０２２年の穀物価格高騰が挙げられる。これも、世界の穀物生産の減少やソ連の大量穀物買い付け、アメリカの政策変更によるエタノール生産の増加、ロシアのウクライナ侵攻という一時的な事由によるものである。

これらの食料危機に共通するのは、何らかの突発的な理由で需給のバランスが崩れ、価格が急騰するということである。これは、槍《やり》のように突出することから、〝price pike〟（pike は槍の意味）と呼ばれる。

これに対し、今、新たに提起されている問題がある。

それは、将来、供給が需要の増加に追い付かないので、食料危機が起きるというものだ。「２０５０年には世界の人口は現在の74億人から96億人に約３割増加する。さらに、経済発展により、一人当たりのＧＤＰが増加し都市化も進展するので、穀物をエサとする畜産物への需要が高まる。これは穀物需要を大きく増加させる。総じて見ると、世界の食料生産を60％程度増加しなければならない。これに対応できないと飢餓が生じる」というものである。

この場合は、突発的な事由ではなく、恒常的に需要の増加に供給が追い付かないのであるから、高い価格水準が継続することになる。

作られた食料危機説

オランダで開かれた会議で、このような意見を紹介した大学教授に、私は次のように質問した。

「あなたは、世界の人口が今後35年間で22億人増加すると言うが、過去の35年間はそれを上回る30億人の増加だ。過去に対応できたことが、なぜ今後できないのか？　さらに、２０５０年に突然人口が爆発するのではない。人口が増えていって食料危機が起きるのであれば、今から穀物価格が上昇を続けているはずだ。ところが、穀物の実質価格は、過去一世紀半ずっと低下している。これをどう説明するのか？」

彼は答えられなかった。これは、ＦＡＯなど世界中の農業関係者によって作り上げられたフェイクニュースだからである。

この説が本当なら、人口や所得は徐々に増えていくのであるから、穀物や食料品の価格は２０５０年の高い水準に向けて、今から上昇しているはずである。

ところが、事実は逆である。図47は、アメリカ農務省作成の、物価修正（物価変動を除いて実質的

図47　長期の穀物実質価格の推移

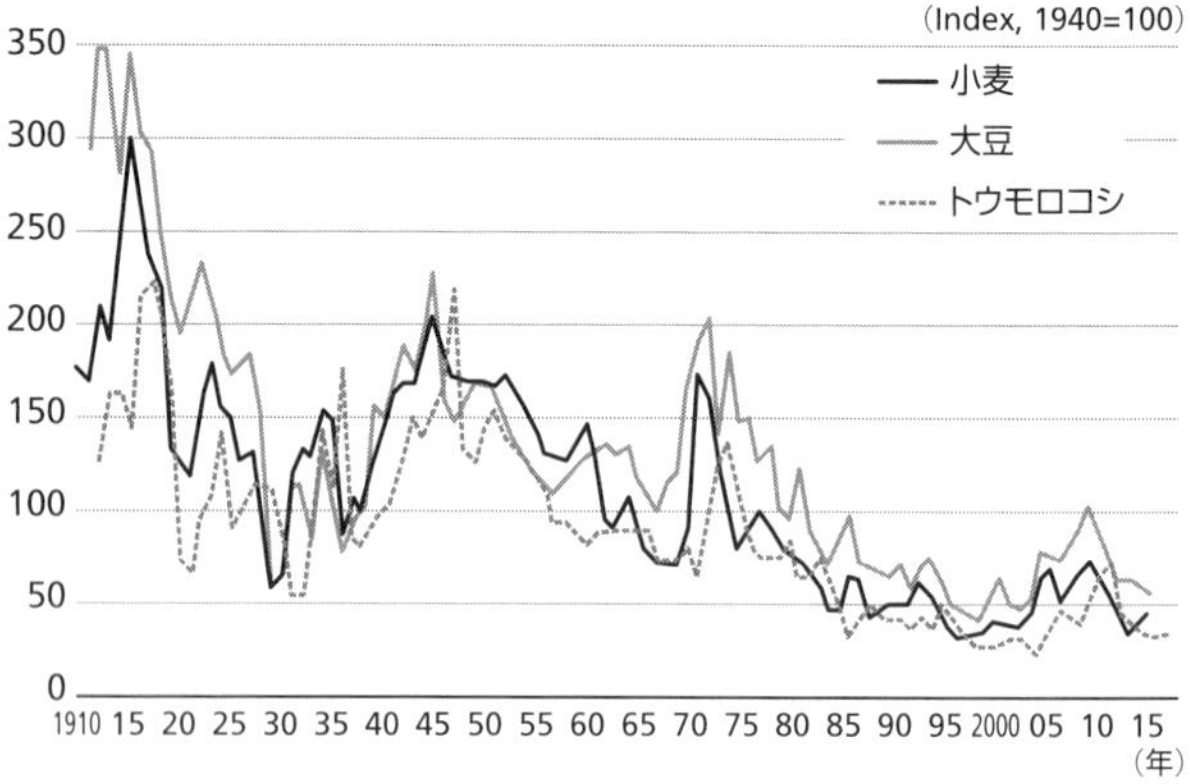

出所：USDA“https://www.ers.usda.gov/data-products/chart-gallery/gallery/chart-detail/?chartId=76964”

な価格を見ようというもの）した、小麦、大豆、トウモロコシの過去約１００年間の実質価格の推移である。一時的なpikeはあるものの、価格は傾向的に下がっている。この間に人口の増加は４倍を超えているのに、恒常的な食料危機は起きていない。

図48は、大豆、トウモロコシ、米、小麦について、１９６０年を１００として物価修正した実質価格指数の推移である。１９８５年頃から２００５年頃までの20年間は１９６０年の半分くらいの価格水準であり、それ以降も１９６０年を上回るのは例外的な年だけである。穀物価格は長期的には低位安定している。

この図から、オイル・ショックとほぼ同時に生じた１９７３～１９７４年の価格高騰がかなり重大だったことがわかる。特に、１９７４年

図48　穀物価格の指標値の推移（1960年=100）

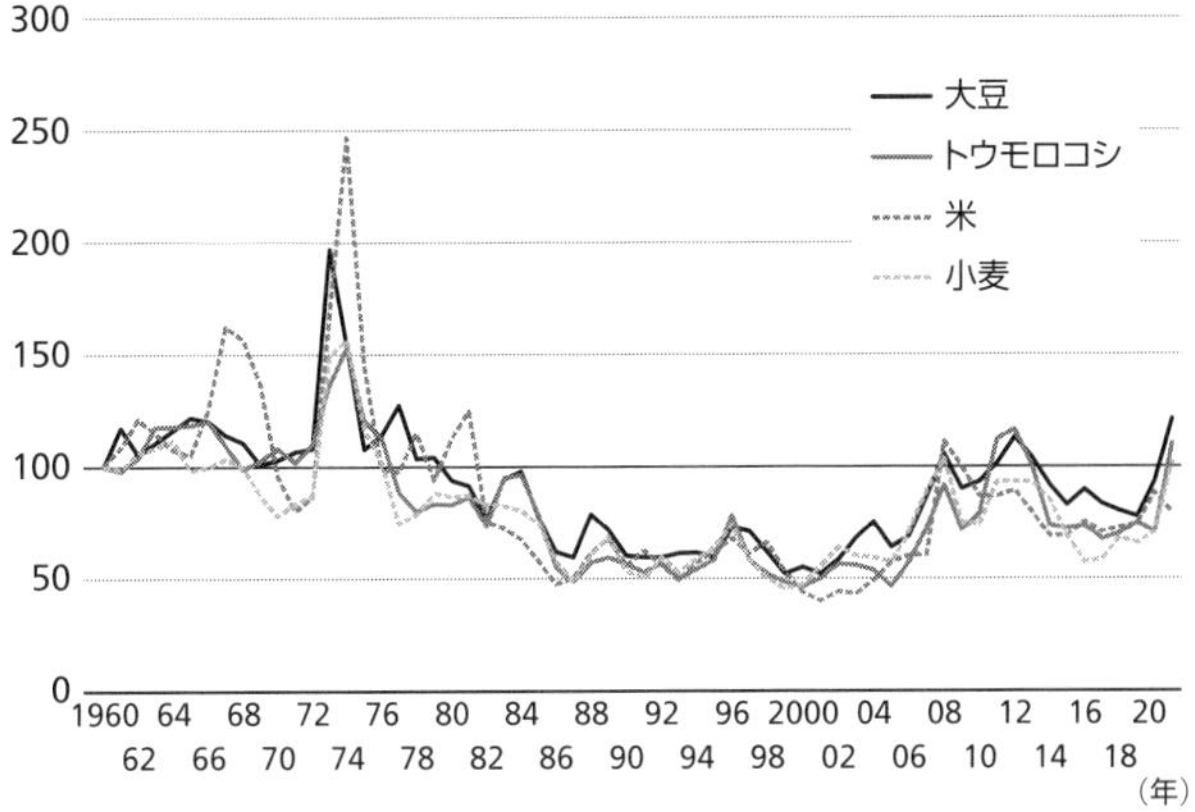

出所：World Bank Commodity Price Dataより筆者作成

に米は１９６０年の２・４５倍となっている。私事で恐縮だが、大学入学時に起きたこの食料危機が、私に農林省入省を決意させた。これに比べると、最近騒がれている危機は厳しいものではない。

　理由は簡単である。食料供給の増加が人口や所得の増加による需要の伸びを上回っているからである。

　図49は、１９６１年の数値を１００とした、世界の人口、米・小麦の生産量の推移である。人口は２・５倍であるが、米、小麦とも、生産量は３・４〜３・５倍となっている。このような穀物生産の増加が、穀物価格が低位にある理由である。

　ＩＴやゲノム編集などによって、単収はこれまで以上に増加する可能性がある。さらに、世

図49　穀物生産量と世界の人口推移（1961年=100）

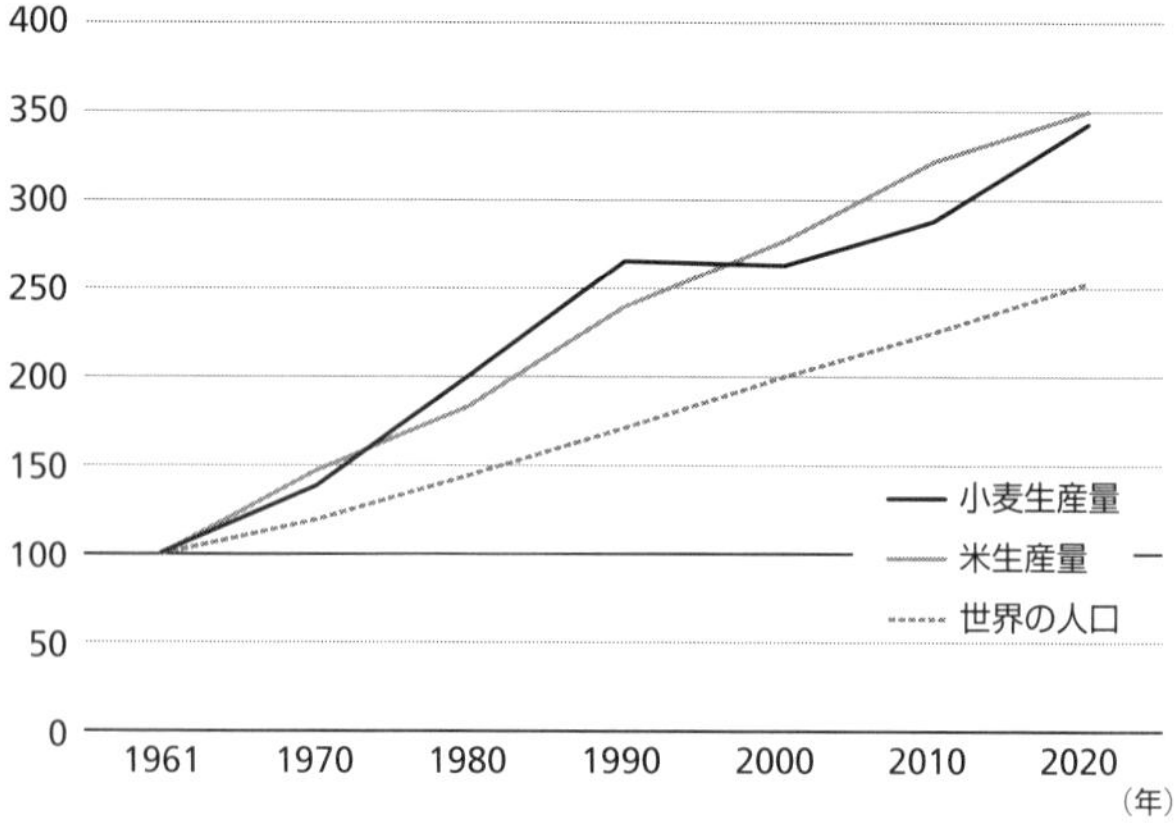

出所：穀物生産量についてはFAOSTAT、人口についてはWorld Bankより筆者作成

界の耕地面積は49億haであるが、サブサハラ、ブラジル等を中心に４〜５億haが追加可能だといわれる。需要が増加しても、十分対応できそうである。

食料危機を煽る人は、地球温暖化によって供給が減少すると主張する。しかし、東南アジアなど低緯度地域では温暖化の影響を受けて生産は減少するが、中高緯度地域では１度から３度までは生産は増加する。農業の温暖化への対応は、検討が進められている。

このような主張は、誰がどのような意図で行っているのだろうか。これで誰が利益を得るのだろうかということから考えてみよう。食料自給率向上を農林水産省が主張するのは、農業予算を維持したい、あわよくば増加させたいためである。同じように、ＦＡＯからすれば、食料危機説を多くの人や国が信じてくれれば、ＦＡＯへの分担金や拠出金を増やしてくれるかもしれない。また、農業資材供給企業からすれば、食料増産が必要だと信じてくれれば、肥料や農薬などをより多く買ってくれるかもしれない。

実は、かつては農林水産省も、長期的に価格が上昇するという試算を公表してきた。しかし、試算に無理があると判断したのか、２０２２年に公表した２０３１年の予測（「２０３１年における世界の食料需給見通し」）では、大要「途上国・先進国ともに、穀物等の需要の伸びはこれまでの想定より緩やか。供給面では、多くの穀物で収穫面積が若干減少する一方、穀物等の生産量は主に生産性の伸びの上昇によって増加する見通し。穀物等の国際価格（実質値）は、経済成長の鈍化に伴う穀物等の需要の伸びの鈍化を反映して下押し圧力が強まり、やや低下傾向を強める見通し」としている。「生産性の伸びの上昇」とは単収が向上するという意味である。

ロシアのウクライナ侵攻の影響

２０２２年、ロシアのウクライナ侵攻で、両国からの小麦輸出が減少した。また、同時に原油価格が大きく上昇した。トウモロコシからエタノールというガソリンの代替品が作られる。原油価格が上がってガソリン価格が上がると、代替品であるエタノールへの需要も高まり、その価格も上がる。そうなると、エタノールの原料であるトウモロコシの価格が上がり、その代替品である他の穀物価格に波及していく。また、ウクライナは世界第4位のトウモロコシ輸出国でもある。

供給面では、ロシアとウクライナからの小麦やトウモロコシの輸出の減少があり、需要面では原油価格上昇によるトウモロコシ需要の高まりや他の穀物への波及がある。このため、小麦だけでなく、トウモロコシ、大豆など日本が輸入に依存している農産物の価格が上昇する。日本は、農林水産省という国家貿易企業によって、アメリカ、カナダ、オーストラリアから高級な小麦を輸入しているが、その価格も上昇した。

ロシアのウクライナ侵攻は、ロシアやウクライナから小麦を輸入していた、中東、北アフリカ、サブサハラの諸国に大きな打撃を与えた。小麦価格が高騰したうえ、これまでの低品質・低価格のロシア・ウクライナ産から価格の高い小麦への切り替えが必要となる。しかも、原油・ガソリンの価格が上昇すると、輸出国から自国周辺の港、そこから内陸の消費地まで、穀物を輸送するコストも上昇する。つまり、これらの国は、小麦価格と原油価格がともに上昇するというダブル・パンチを被ったのである。

日本では民間エコノミストが、テレビに出演して、小麦の用途は裾野が広く、パン、ラーメン、うどん、スパゲッティなど様々な食品の原料なので、家計が影響を受けると指摘していた。

しかし、これは誤りである。２００８年に小麦だけでなくトウモロコシ、大豆、米の国際価

図50　穀物国際価格指数と国内食料消費者物価指数の推移

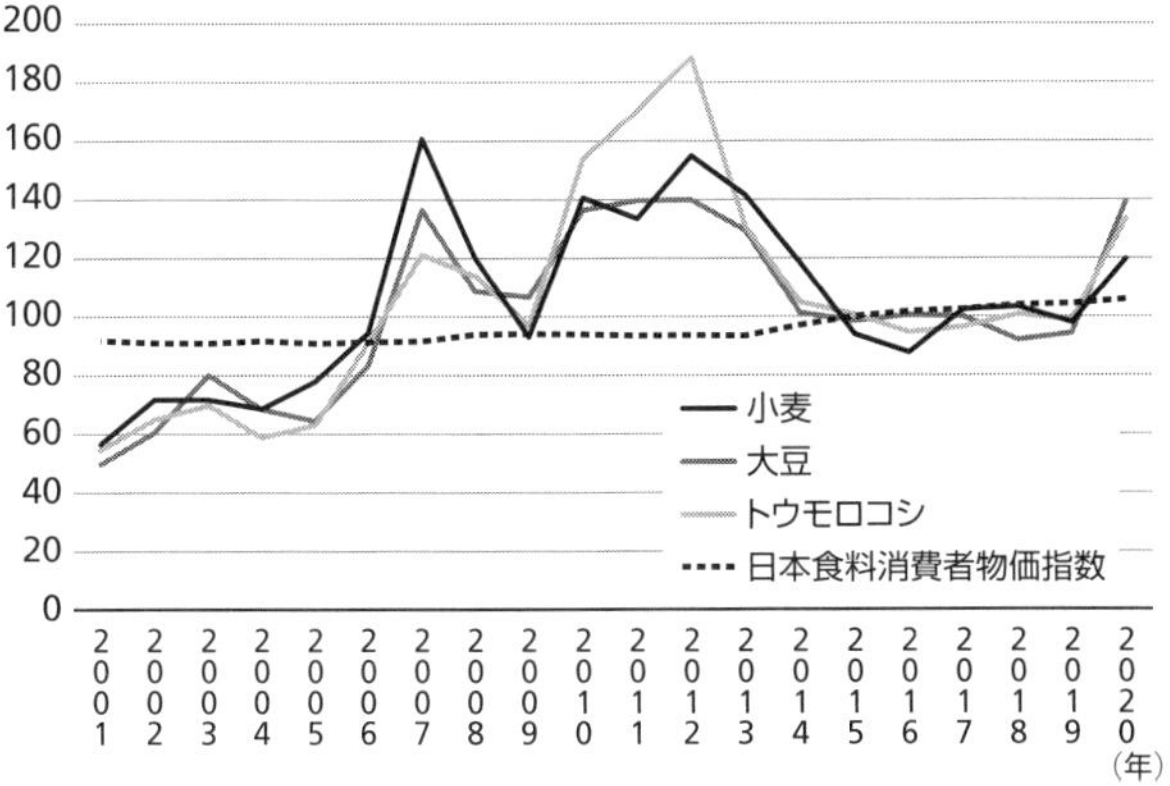

出所：穀物国際価格についてはFAO“Food Outlook”、消費者物価指数については総務省「消費者物価指数の結果」より筆者作成

注：2015年を100とした数値

格が2〜3倍に上昇し、パンなどの価格も上がったとき、我が国の食料品全体の消費者物価指数は、2・6%上がっただけだった。2012年に穀物価格が騰貴したときも、食料品の消費者物価指数はほとんど変化していない（図50）。2022年も2008年とほぼ同じである。それは危機とは呼べない。

大きな理由は、小麦の輸入額は、日本全体の飲食料費支出の0・2%程度にすぎないことである。我々が払う飲食料費の9割は、加工、流通、外食に帰属する。農産物への帰属はわずかで、特に小麦を含めた輸入農水産物への支出は2%である。輸入農水産物の一部である穀物の価格が上がっても、最終消費には大きな影響はない。このような消費のパターンは先進国に共通する。我々は農産物ではなく、加工、流通、

図51　飲食料の最終消費額に占める農水産物の割合（2015年）

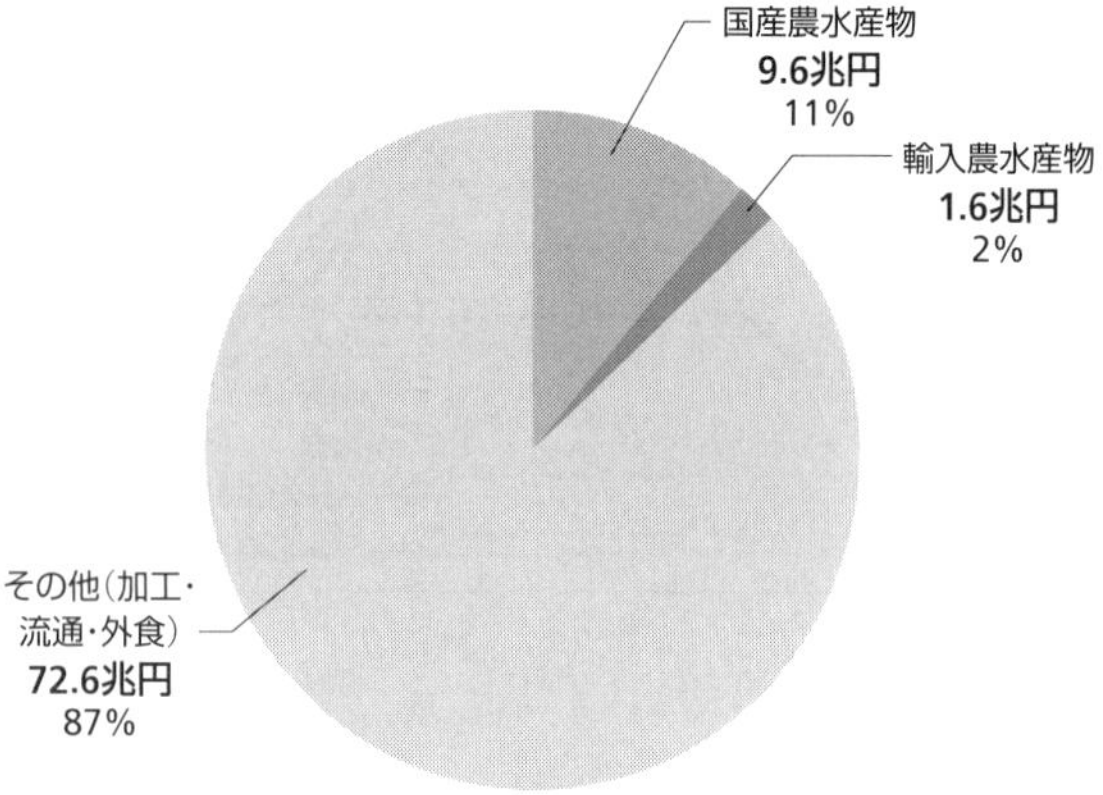

出所：農林水産省公表資料より筆者作成

外食にお金を払っているのである（図51）。

２００８年のフィリピン、２０２２年のサブサハラ諸国などのような食料危機は、先進国では起きない。日本で２００８年に食料危機を感じた人はいなかったはずである。２００８年当時途上国での食料危機は、日本でも連日テレビで報道された。しかし、ロシアのウクライナ侵攻について私に取材するメディアの人に聞いても、誰も２００８年のことを覚えていない。日本には全く影響がなかったのである。２０１１年から13年にかけても国際価格は上昇したが、問題視する人はいなかったと思う。

さらに、先ほどの、原油と穀物（ガソリンとエタノール）のように、消費には代替性がある。牛肉の値段が上がると、豚肉の消費を増やそうとする。我々は、パンやラーメンなどの小麦製品だけを食べているのではない。パンの値段が上がれば、その代替品である米の消費が増える。

財やサービスに代替性があり、消費者が、一定の所得を前提に、財やサービスの相対価格を考慮して、適正な財の組み合わせを決定することは、ミクロ経済学の初歩である。供給面でも代替性がある。世界的に小麦の供給が減少したことを穴埋めするように、タイなどからの米の輸出が増加している。食料の需要や供給を検討する際に、「代替性」は重要なキーワードである。

ウクライナ侵攻を農業保護に利用する人たち

２０２２年３月12日にウクライナ侵攻と合わせて、『食卓に迫る危機―食料自給率37%』と題するＮＨＫのテレビシンポジウムが開催された。壇上には「日本の食料自給率37%の衝撃」という垂れ幕が掲げられていた。

その内容は、前半で、地産地消の取り組みとして学校給食が取り上げられ、後半で、出演者全員が、国内農業を支援して食料自給率を上げようと主張するものだった。

具体的には、「人口増加などで世界の食料価格が過去最高となっていて、これは元には戻らない。日本は貿易赤字になり経済力も低下するので、世界から食料を買えなくなる。そのために食料の国内生産が必要だ。食料自給率低下の原因は、家畜の飼料（エサ）のほとんどを輸入穀物に頼っているからなので、エサ米の生産振興を行うべきだ」という内容だった。

食料自給率向上がテーマだが、本当に言いたいことは、最後の〝エサ米の生産振興に対する国の支援の継続〟だったのだろう。これにかなりの時間が割かれていた。

ＮＨＫの他のテレビシンポジウムを見ていないので確かなことは言えないが、通常のシンポジウムであれば、様々な立場や意見の人が議論するのに、このシンポジウムは参加者全員が同じ方向を向いて議論していた。

ファクトに反する農業界の主張

ファクトに基づいて、テレビシンポジウムの主張を検討しよう。

まず、すでに述べた通り、世界の穀物の実質価格は長期的に低下傾向にあるというファクトだ。たしかに、直近の小麦価格は過去最高となったが、それは名目価格であって、実質価格ではない。実質価格で比べると、今の価格は１９７０年代の通常年の価格を下回る。経済学者なら、過去と比較するのに、名目価格をとるべきではない。農林水産省の価格予測も低下である。

貿易赤字だから食料を輸入できないというなら、２０１１年以降日本は食料を輸入できなくなっているはずだが、そのようなことはない。貿易収支が赤字で食料を輸入している国は、いくらでもある。また、仮に経済力が落ちたとしても、これまでのような長期的なトレンドが継続して、穀物価格が安くなれば、買えなくなることはない。

この議論の致命的な間違い（非論理性）は、国際市場から買えなくなるから国産を買うべきだと主張しているが、高い関税によって、国産農産物は国際価格より数倍も高いことだ。輸入農産物が買えなくなるなら、その前により高い国産農産物を買えなくなっているはずだ。日本の場合、小麦、乳製品、砂糖などの輸入農産物も関税で国際価格より高い。経済力が落ちたなら、輸入品を関税なしで買えばよい。わざわざ高い国産品を買う必要はない。また、彼らが国産農産物の方が安いというのであれば、農産物の関税は撤廃しても問題はないはずだが、それにはどう答えるのだろうか。

国産農産物について、国民消費者は高い価格を負担しているばかりではない。納税者として農業保護に多大な財政負担をしていることを、彼らは無視している。そもそも国産を頼れと言うが、その国内農業を縮小させ続けているのは、他ならぬＪＡ農協であり、それを支持・擁護している彼ら研究者たちである。

驚いたのは、米は関税で国際市場から隔離されているから、今回の価格高騰の影響を受けないと主張していることだった。輸入禁止的な高関税（米の関税は３４１円／kgで国内米価格約２４０円より高いので、輸入米の価格がゼロでも輸入されない）で国内市場を守っているうえ、減反政策による米の供給制限で、米価を国内の市場価格よりもさらに高くしている。この結果、日本の消費者は国際価格よりも高い米を、50年以上もずっと買わされ続けているのだ。小麦価格高騰対策をする前に、減反政策を廃止して米価を下げるべきだ。

１９６０年の79％から37％への食料自給率の低下は、小麦に比べ米の価格を大幅に上げたことと減反による米生産の減少という政策によるところが大きい。食料自給率向上のためにも、減反政策は廃止すべきだ。小麦から米へ需要を奪還することができる。

なぜNHK食料シンポジウムでエサ米振興が叫ばれるのか？

第六章でエサ米を主食用の米の転作作物とした経緯とこの補助単価を大幅に拡充したのが安倍政権の〝減反廃止〟の中身だったことを説明した。

９５０億円程度の財政負担で生産しているエサ米はわずかに66万トン（２０２０年度）、同じ金額で約４００万トンのトウモロコシを輸入できる。しかも、財政で作られた生産なので、財政支援がなくなれば、エサ米の生産はなくなる。生産を維持するためには、毎年同額の財政支出が必要となる。これは、国産の麦も大豆も同じである。危機が発生するまで継続すると、累計の財政負担は膨大なものになる。10年間で１兆円である。これに対して、輸入農産物を備蓄すれば（毎年の保管費用はかかるものの）財政負担は軽いうえ一度限りの支出で済む。

国産農産物は、価格が高いだけでなく、財政的にも負担が重いものになっている。特に、エサ米の補助金については、財務省はあまりに非効率だとして削減を迫ってきた。農林水産省も次第に追い詰められたようで、２０２２年産からはエサ米生産を抑制する方針を打ち出した。しかし、これが縮小されれば減反目標の達成は困難となり、米価が下がり、ＪＡ農協の経営に大きな打撃となる。ＪＡ農協は反発した。このような状況とタイミングで開かれたシンポジウムである。もう読者は、このシンポジウムの裏にいる主役に気がつかれているはずだ。

エサ米へ多額の減反補助金を出し、その代わり、主食用米の供給は減り、価格は上がる。日本国民は、海外市場で買い負ける前に、国内市場での高価格と財政負担に負けるだろう。食料シンポジウムでの主張には大きな矛盾がある。しかし、この政策で利益を得る組織にとって、これを気にする必要はないのだろう。

第八章　日本が飢える

――餓死者6000万人

食料安全保障の二つの要素

基調として十分な供給力があったとしても、短期的には供給不足が生じる可能性がある。不作の場合だけでなく、軍事的な紛争が発生して輸送ルートが途絶する可能性もある。最悪の場合は、日本の国土が戦場となることだ。

食料安全保障には、二つの要素がある。①食料を買う資力があるかどうか、②食料を現実に入手できるかどうか、である。経済的なアクセスと物理的なアクセスである。貧しい途上国では二つとも欠けている。世界的な不作などが原因で食料品価格が上がると、収入のほとんどを食費に支出している人は、買えなくなる。このとき、先進国が港まで食料を運んでも、内陸部までの輸送インフラが整備されていないと、食料は困っている人に届かない。

ウクライナで起きている食料危機

別の観点から見ると、食料危機には二つのケースがある。ロシアのウクライナ侵攻では、二種類の危機が同時に起きた。

一つは、価格が上がって買えなくなるケースである。途上国では所得のほとんどを食料品の購入に充てている。例えば、所得の半分を米やパンに充てているとき、この価格が3倍になると、食料を買えなくなる。２００８年にはフィリピンなどでこのような事態になったし、インドが輸出制限をしたのも国内の価格を低く抑えようとしたためだ。２０２２年のロシアのウクライナ侵攻による小麦価格の高騰で、スーダンでは暴動が起きている。マスメディアで報道されているのは、この危機である。たしかに、途上国の貧しい人にとってこれは重大である。しかし、所得水準の高い日本では、このような事態は起きない。

もう一つは、物流が途絶えて、入手できないケースである。東日本大震災のとき、東北の被災者たちは、お金はあっても食べるものに事欠いた。ウクライナの首都キーウのスーパーの棚から、食料品が消えた。ロシアに包囲され孤立したウクライナの都市では、政府や赤十字による、食料、薬、生活物資の輸送がロシア軍に阻まれ、飢餓が発生している。お金があっても物流が途絶して食料が手に入らないという、物理的なアクセスに支障が生じる事態である。日本にとって重大なのは、この種の危機である。

何度も繰り返すが、日本は食料供給の多くを海外に依存している。日本周辺で軍事的な紛争が生じてシーレーン（海上交通路）が破壊され、海外から食料を積んだ船が日本に寄港しようとしても近づけないという事態になれば、国民への食料供給に重大な支障が生じる。具体的には、台湾有事だ。

これと全く同じ状況ではないが、似たような事態を日本人は経験している。終戦直後の食料難である。このとき、供給面では、米は大凶作だといわれた。東京・深川の農林省の倉庫には、東京都民の３日分の米しかなかった。多くの人が海外から引き揚げてくるので、需要は増加する。輸入はゼロである。戦前は、朝鮮や台湾という植民地からの米輸入があったが、それもなくなった。巷間《こうかん》では１０００万人が餓死するといわれた。

米、麦、イモなど多くの食料は政府の管理下に置かれ、国民は配給通帳と引き換えに指定された小売業者から食料を買った。配給制度である。ただし、このときは、アメリカからの穀物援助で糊口《ここう》をしのいだ。また、１９４５年は、農林省の統計が予測したほどの不作ではなかった。

このときの経験を活かせばよいのだが、この危機を生き抜いた人たちのほとんどは、鬼籍に入《い》っている。終戦当時20歳の人は２０２２年では97歳である。１９４２年制定の食糧管理法による配給制度を実行したのは農林省だったが、現在の農林水産省にそのときのノウハウは全くといってよいほど引き継がれていない。日本人は75年間食料危機を経験していないのだ。

日本人は極めて幸福な時代を生きてきた。シリア、アフガニスタン、エチオピア、ソマリア、コロンビア、ベネズエラなど、大きな内戦、紛争が生じた国の出来事が、自分たちにも起こりうるとは思ってこなかった。ウクライナの人たちも同じだった。ロシアが侵攻してくる直前まで、そのような事態が起きるとは、大統領以下思ってもいなかった。起こりそうもないことが起きる。それが、ロシアのウクライナ侵攻の教訓の一つだろう。しかも、日本周辺には、中国や北朝鮮という、ロシアと似た独裁的な政治体制を持つ国がある。

80年ほど前の貴重な経験は失われた。農林水産省は、オオカミ少年のように低い食料自給率や食料危機を煽るが、食料危機になったときに具体的に何をすべきか、全く検討さえしてこなかった。農林水産省は、オオカミが来るとは思っていないからだ。オオカミが来ると言えば、農業保護を増やしてくれると思っているのだ。

危機への対応は、起きてからでは間に合わない。新型コロナが流行してから、政府は思いつきのように布マスクを生産・配布しようとしたが、タイミングを失し、利用されずに在庫として積み上がった。

配給通帳を印刷して全国民に配布するには、相当な時間がかかる。また、輸入が途絶してから、農産物の生産を始めても収穫できるのは遠い先である。タイミングが悪ければ、一年半くらい待たなければならない。他の用途に向けられている土地をすぐには農地に転換できない。法律上、政府が勝手に土地を取り上げることはできないし、機能上も、コンクリートで覆われたりガレキが埋まっていたりする土地は、物理的にも生物学的にも、農地として利用できない。

危機を想定した周到な準備が必要なのである。防衛省は、軍事的な紛争が起きることを想定して、平時から武器弾薬の整備や兵の訓練を行っている。軍事的な紛争が起きるかもしれないし、起きないかもしれない。しかし、起きると大変な事態となるので、防衛省が必要である。

食料危機も同じである。そもそも、軍事的な紛争が起きると食料の輸入が途絶すると思われるのに、前者には対応する組織や手段があるのに後者への対応はなおざりにされている。日本を巻き込んだ軍事的な紛争が起きるときに、兵站は大丈夫なのだろうか？

「腹が減っては軍《いくさ》はできぬ」と言うではないか。それなのに、自民党国防族の幹部は防衛費を増額するよう要求する傍らで、米生産を減少させる減反をより強化すべきだと主張している。

最低限必要な食料生産はどれくらいか？

まず、輸入途絶という危機が起きたときに、国民が餓死しないために、どれだけの食料（特に、米、小麦などカロリーを供給する穀物）が必要なのだろうか？

小麦も牛肉もチーズも輸入できない。トウモロコシや大麦も輸入できないので、日本の畜産は壊滅する。輸入物だけでなく、国産の畜産物、牛肉、豚肉、鶏肉、卵、牛乳・乳製品も食べられない。豊かで健康な食生活は、あきらめるしかない。生き延びるために、最低限のカロリーを摂取できる程度の食生活を送るしかない。具体的には、米とイモ主体の終戦後の食生活に戻るしかないのだ。

当時の米の一人一日当たりの配給は標準的な人で2合3勺（330g／一時2合1勺に減量）だった

(子供は減量され、炭鉱労働などカロリーを多く使う者には加配された)。年間では１２０kgである。今、これだけの米を食べる人はいない。２０２０年の一人一年当たりの米消費量は50・7kgである。

しかし、１億２５５０万人に２合３勺（15歳未満を半分と仮定）の米を配給するためには、玄米で１５００万〜１６００万トンの供給が必要となる。しかし、農林水産省とＪＡ農協は、自分たちの組織の利益のために、減反で毎年米生産を減少させ、２０２２年産の主食用米はピーク時の半分以下の６７５万トン以下に供給を抑えようとしている。今輸入途絶という危機が起きると、エサ米や政府備蓄の米を含めて必要量の半分に相当する８００万トン程度の米しか食べられない。

現在、政府は配給通帳を用意していない。食料危機が起きてから、１億２５５０万人用に印刷して配布したのでは、危機対応に間に合わない。配給制度がなかったら、どうなるだろうか？　価格は高騰する。その価格で購入できる資力のある人たちは、２合３勺以上の米を買うだろう。この場合、半分以上の国民が米を買えなくなり、餓死する。その前に、米倉庫に群衆が押し寄せ、米は強奪されるだろう。米騒動の再来である。しかし、運よく入手した人も、いずれ食べる米に事欠くようになるだろう。

国民の半分に２合３勺を配給して、残りの半分に全く配給しないとして、やっと国民の半分は生き残れる。それでも約６０００万人が餓死する。しかし、ある人に配給して、ある人に配給しないことは、政府が生存者を選別することになるので行えない。危機が一年間続くという最悪の事態を想定すると、全ての人に２合３勺（年間１２０kg）の半分の１合１勺（年間60kg）を配給するしかない。これで生存できる人は、他に食料を入手するすべを持っているなど、極めて幸運な人だけである。

あるいは、とりあえず２合３勺を配給して、米の在庫が尽きたときは、その時点で何らかの供給手段を考えるという楽観的なシナリオを政府が考えるかもしれない。しかし、半年くらいあとに米の在庫がなくなったとき、他の供給手段がなければ、国民全員が飢えるしかない。終戦直後の場合には、アメリカから援助物資が届いたが、シーレーンが破壊され続ければ、輸入はできない。

別の観点から言うと、今の米生産で生きていくしかないとなると、米の消費量は現在の年間50・７kgと同じとなる。今の食事から米だけが残り、他には何もない献立、食生活を想像してもらえばよい。終戦後は、小麦から作った〝すいとん〟という非常食があった。しかし、麦生産も減少しているので、国民に戦後ほどの麦は供給できない。米の代用食としての〝すいとん〟も満足に食べられない。かろうじて魚は供給できるかもしれないが、石油がないので漁船は操業できない。漁獲量は大幅に低下する。

カロリーから見ると、１９４６年の国民一人当たりの摂取カロリーは１９０３キロカロリーである。現在の米の消費量では、４７５キロカロリー（２０２０年）が供給されているにすぎない。終戦時のカロリーのわずか４分の１である。

これで、どれだけの人が生存できるかわからない。数字的には、国民全てが餓死する。その前に、乏しい食料を奪い合うという凄惨な事態が発生し、これで半数近くの国民が命を落とすかもしれない。

これが、食料自給率向上や食料安全保障を叫ぶ、農林水産省とＪＡ農協という組織が行っている米減らし政策がもたらす結果である。

危機による被害の程度

シーレーンが破壊され、食料輸入が途絶される事態が、どのタイミングで起きるか、どれだけの規模で輸入できなくなるのか、どれだけの期間継続するのかによって、危機の被害は異なる。

小麦やトウモロコシなど輸入穀物はその都度必要量を輸入しているので、国内にそれほど在庫があるわけではない。在庫があるのは、国内で生産されている米と小麦である。これを食いつなぐしかない。

問題は、米も麦も一年一作であり、すぐには作れないということである。第一章で述べたように、最悪のタイミングは、田植えが終了した6月に危機が起きることである。当年産の米の生産は増やせない。種籾を工面して翌年産の米を増産しようとしても、収穫は翌年の9月まで待たなければならない。16ヶ月を必要量の半分の米でしのがなければならない。

次に、シーレーン破壊の規模である。例えば、台湾海峡周辺の紛争に限定されるのか、日本周辺まで巻き込んだ戦争が起きるのか、さらには日本の国土自体が戦場となるのか、である。また、どの程度の期間継続すると思われるのかである。これらに応じて、危機の程度が異なる。国土が戦場になるときは、農業生産自体に甚大な影響が出る。しかし、危機への対応は最悪の事態を想定するしかない。

危機が長期間継続する場合

危機が当年産の収穫前に生じても、すでに作付けしている当年産の収穫にはほとんど影響はない。問題は、危機が翌年産の生産期間まで及ぶ場合である。ウクライナでは、小麦の作付けはロシアの侵攻前に終わっていたので、影響は少なかったが、春に作付けされるトウモロコシの生産への影響が懸念された。

シーレーンが破壊されると石油も輸入できない。石油がなければ、肥料、農薬も供給できず、農業機械も動かせないので、単位面積当たりの収穫量（単収）は大幅に低下する。

戦前は、化学肥料はある程度普及していたが、農薬や農業機械はなかった。シーレーンが破壊されると、終戦直後の農業の状態に戻ると考えてよい。しかし、このときは、農地解放によって自作農を作った。18世紀イギリスの農学者アーサー・ヤングの「所有の魔術は砂を化して黄金となす」という言葉があるように、これで農民の生産意欲は大幅に向上した。また、石炭と鉄を基本とした傾斜生産方式によって化学肥料を増産した。農地解放と傾斜生産方式という、食料増産のための効果的な方法を考案するだけの能力を持った人材が、官界、学界に、存在した。

それでも、人口は７２００万人、農地は６００万haあっても、飢餓が生じた。仮に、このときと同じ生産方法を用いた場合、人口が1億２５５０万人に増加しているので、当時の６００万haに相当する農地面積は、１０５０万haとなる。それでも十分とはいえない。しかし、農地は宅地への転用や減反などで４３５万haしかない。

農林水産省は、今の農地にイモを植えれば必要なカロリーは賄えると言うが、それは石油も肥料、農薬、機械も、現在のように使えるという前提に立った試算である。危機時には、これらやその原料は輸入できない。危機というものを想像していない試算である。

危機が長引いた場合、現状の農地面積では、現在の米の生産量約７００万トンさえ生産・確保できない事態に陥るのである。

それればかりではない。終戦後の食料難時には、戦争は終わっていた。農業生産自体が脅かされることはなかった。しかし、ウクライナのように国土が戦場になるときは、現在の農地さえ生産の用に供しえなくなり、生産が大幅に減少することを覚悟しなければならない。

危機への対応は平時の国内生産の拡大と輸出

農林水産省やＪＡ農協には目先の米価維持しか見えていない。客観的に自分たちの行っていることを見ると、米農業を抹殺していることはわかるはずである。このまま３０００年もの歴史を持つ持続可能な米農業が農業界によって消滅させられるのを座視してよいのだろうか？

米農業を救う処方箋はある。これまでの米政策は日本の国内市場しか見ていなかった。世界の人口は増加し、一人当たりの所得も増加する。しかも日本米への需要は増える。世界に向かって米を輸出すれば、減産しなくて済むだけではない。平時の輸出は危機時の備蓄の役割を果たす。また、農地資源を確保できる。

問題は、輸出できるほどの価格競争力を日本米が持てるかどうか、そのために何をするかである。

海外市場で日本米は高い評価を受けている。ロサンゼルスのスーパーでの米の価格は、アメリカ産長粒種を１とすると、同中粒種１・５、カリフォルニア産短粒種３、秋田県産あきたこ

図52　日本とアメリカの米価の推移

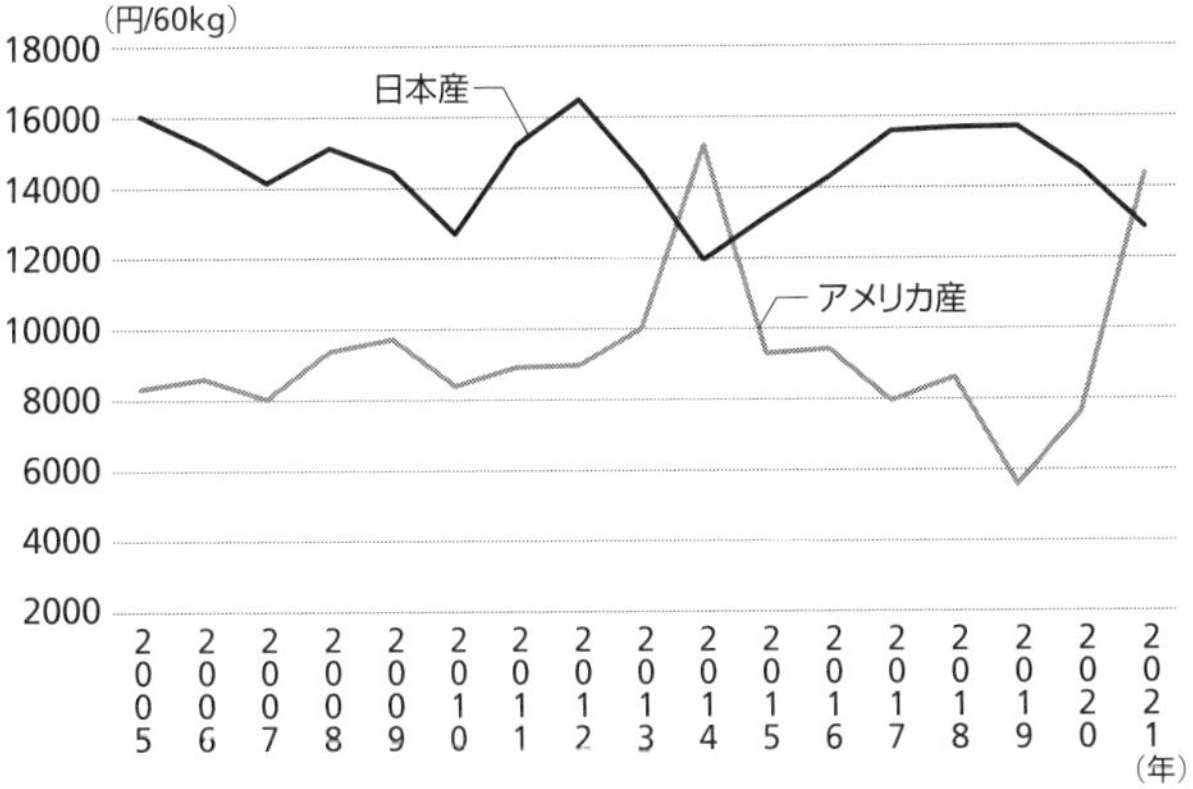

出所：日本産については農林水産省「米の相対取引価格・数量、契約・販売状況、民間在庫の推移等」、アメリカ産価格については農林水産省「輸入米に係るSBSの結果概要」により筆者作成

まち6、新潟県産コシヒカリ8となっている。カローラはどこで作ってもカローラだが、農産物については、ワインと同様、同じコシヒカリでも気候風土によって品質に差が出る。

農業界では、タイやベトナムの低級米の価格と比較して、日本米は競争できないと主張される。しかし、ベンツのような高級車は軽自動車のコストでは生産できない。高品質の製品がコストも価格も高いのは当然である。大幅な価格差があっても、ベンツはタタ・モーターズに負けない。しかし、ベンツもレクサスなどの競合車の価格は意識しているはずである。日本米はカリフォルニア米に対する競争力を向上させなければならない。

図52は、ミニマム・アクセスで輸入されているアメリカ産米と日本米の価格の推移である。

図53　MA米落札割合と日本とアメリカの米価格比率の推移

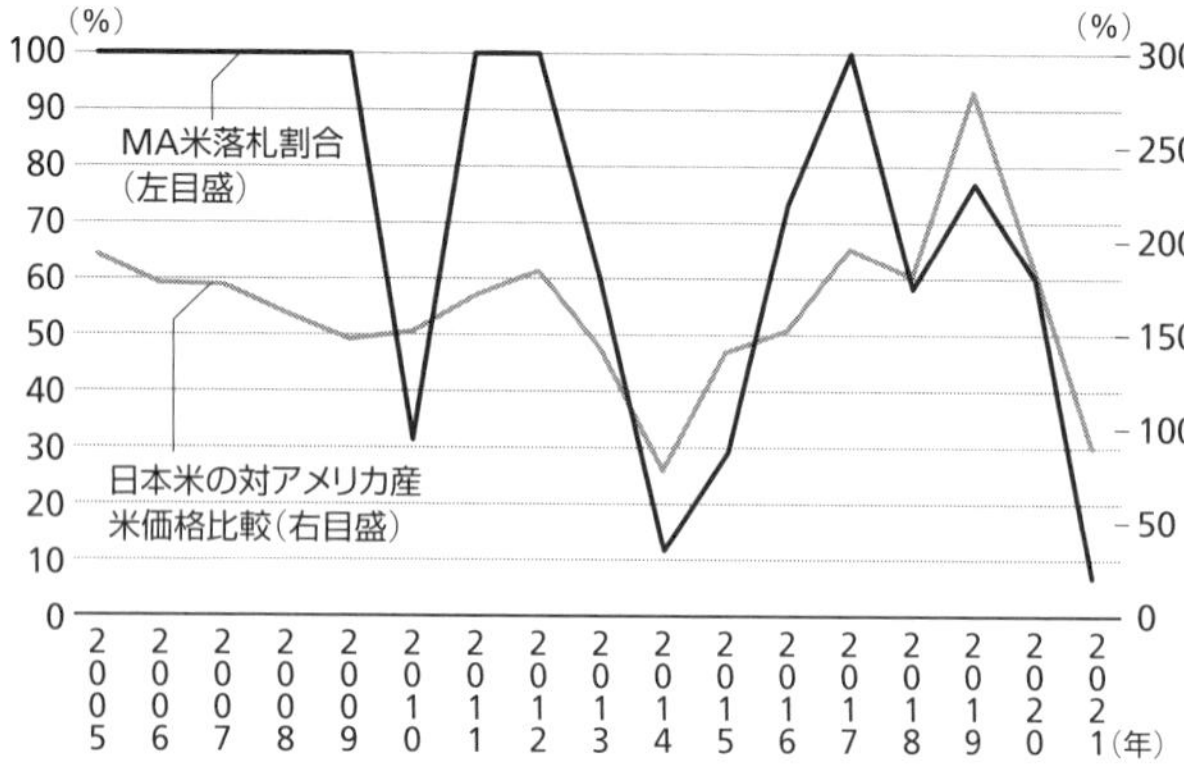

出所：MA（ミニマム・アクセス）米落札割合については、農林水産省「輸入米に係るSBSの結果の概要」、米価格比率については農林水産省「米の相対取引価格・数量、契約・販売状況、民間在庫の推移等」と農林水産省「輸入米に係るSBSの結果概要」により筆者作成

内外価格差が大きければ、安く輸入して高く日本国内で売れば必ず儲かるが、近年米の内外価格差は縮小し、年によっては逆転している。このため、ミニマム・アクセスの輸入枠（主食用10万トン）は２０１３年以降余るようになった。

日本米と品質的に競合するのは、カリフォルニアで作られる短粒種である。同州で生産が多い中粒種は、先のスーパーでの調査のように短粒種より評価が劣る。アメリカでは、中粒種と短粒種の合計生産量２５７万トンのうち、自然条件等のため、短粒種は13万トンにすぎない（２０２０年）。しかも、乾燥したアメリカでは、米の食味に影響する水分含有率が低くなる。また、評価を下げる破裂した米（〝胴割米〟という）の発生が多くなる。

カリフォルニアでは、稀少な土地や水資源を

図54　アーモンドと米の作付け面積（カリフォルニア州）

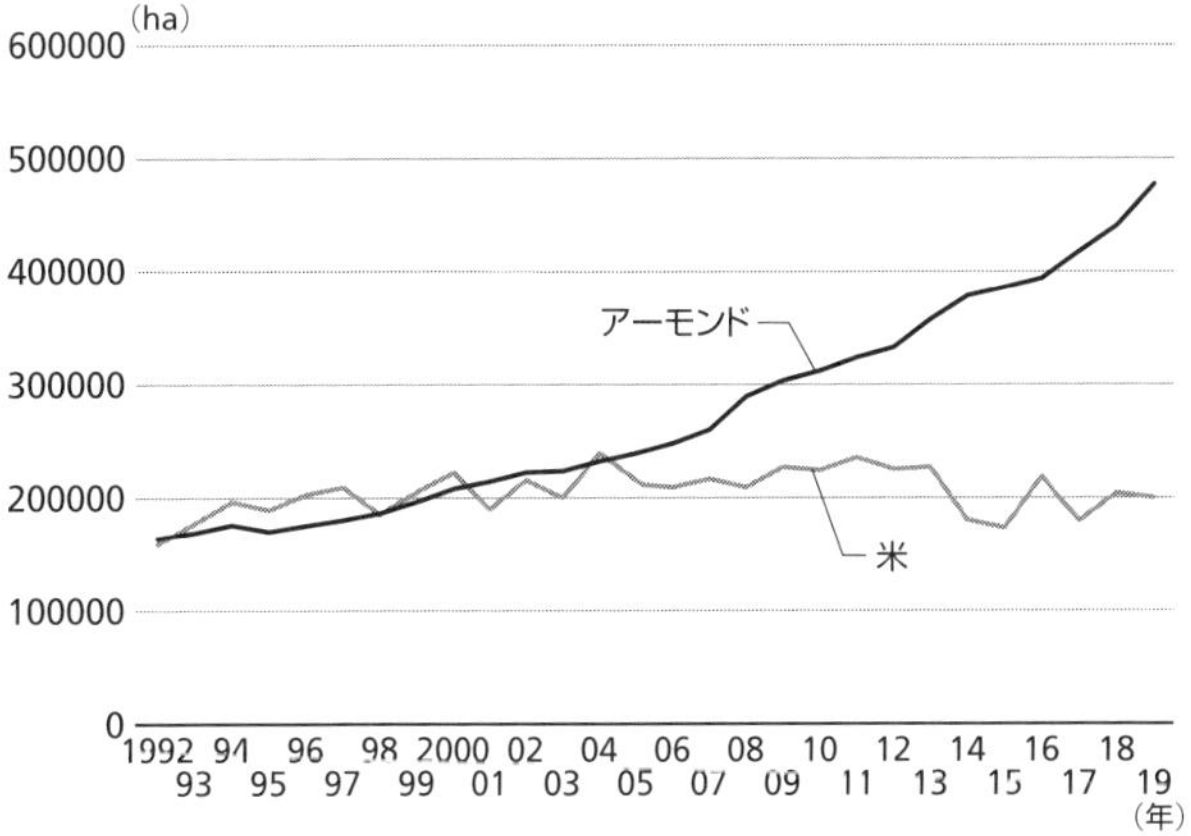

出所：USDA “California Agricultural Statistics”より筆者作成

多く使用する点で米と生産面で競合するアーモンドの作付け・生産が拡大している（図54）。同州の農業生産額に占める米の割合は２％未満になっている（図55）。同州のアーモンドは世界貿易量の８割程度を占めている。同州ではアーモンドの生産面積は米の２・４倍、生産額では米の７・９倍である（２０１９年）。収益が劣る米の生産はなくなるかもしれない。

　２０１４年度より品質のよい国産の米価がカリフォルニア米を下回った。主食用の無税の輸入枠10万トンは１万２０００トンしか輸入されなかった。日本の商社は日本米をカリフォルニアに輸出した。米の関税を撤廃しても競争できると主張する生産者も出てきた。２０２１年も内外価格は逆転し、ミニマム・アクセスの消化率は７％に低下した。

図55　カリフォルニア州農業生産額内訳（2020年）

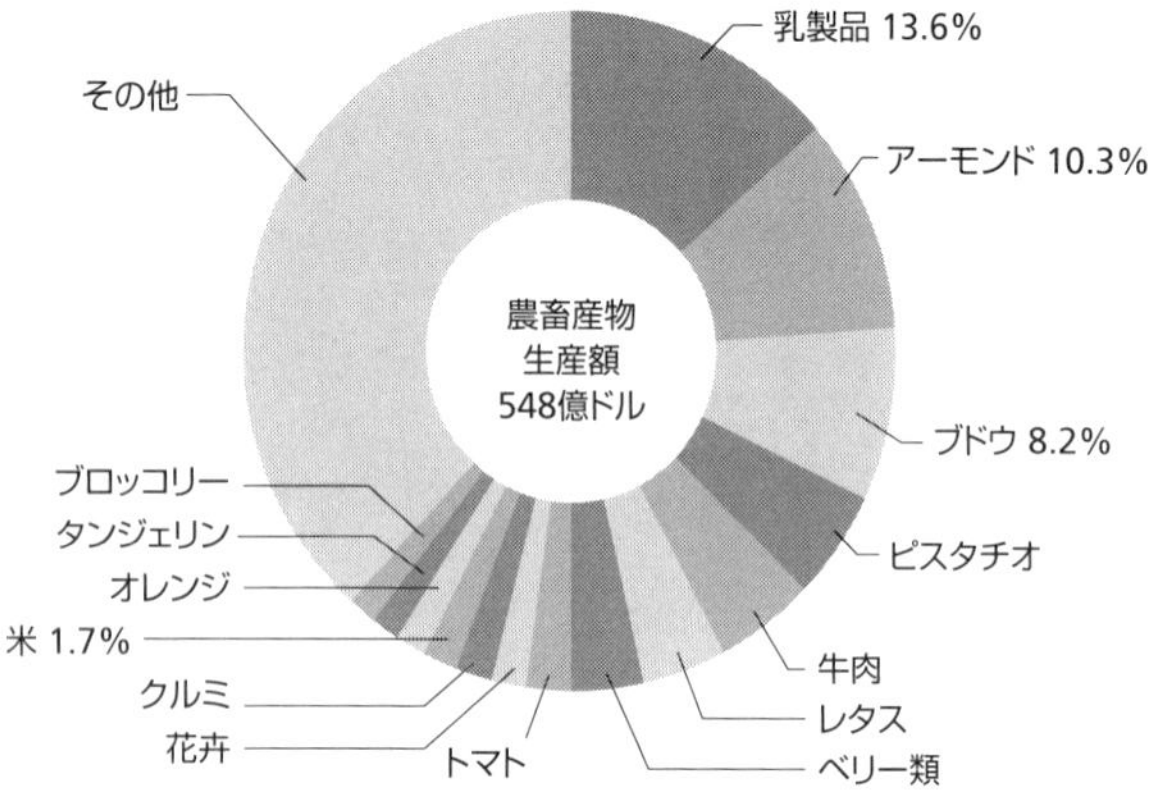

出所：USDA "California Agricultural Production Statistics"より筆者作成

その国産米価は、供給量を減少させるという減反政策で維持されている価格である。減反を廃止すれば、価格はさらに下がる。価格低下で影響を受ける主業農家に限って直接支払いをすれば、その地代負担能力が上がって、農地は主業農家に集積する。規模が拡大するだけでなく、零細で分散している農地をまとめ、連続した農地において効率的な農業生産が可能となる。品質について国際的にも高い評価を受けている日本の米が、減反廃止と直接支払いによる生産性向上で価格競争力を持つようになると、世界市場を開拓できる。

カリフォルニア米の価格約９７００円（２０１２～２０２１年の日本の輸入価格）からすれば、品質面で優位な日本米は１万１０００円程度で輸出できる。減反を止めれば、米価は瞬間的に７００

0円程度に低下するが、商社が7000円で買い付けて1万1000円で売ると儲かるので、国内市場から米の供給が減少し、国内米価も1万1000円に上昇する。これで、翌年の米生産は大きく増加する。

食料危機対応の提案

日本の米農業にはもう一つ、単収（単位面積当たりの収量）向上の可能性がある。

戦後の食料難から減反が開始されるまで、農家は米の増産に努め、朝日新聞は米作日本一を表彰していた。そのうち3戸の農家が今の米単収の倍の1000kgを達成している。しかし、総消費量が一定の状況下で単収が増えれば、米生産に必要な水田面積は縮小する。そうなると、減反面積を拡大せざるをえなくなり、農家への減反補助金が増えてしまう。このため、単収向上のための品種改良は、国や都道府県の公的な研究機関では、タブーとなった。品種改良は食味の向上に限定された。10a当たりの収量は、2000年537kg、2010年522kg、2020年531kgで、この20年間、横ばいか、やや減少である。これは60年ほどで、世界の単収が3倍以上増えていることからすれば、極めて異常である。それだけ減反の締め付けが厳しかったことを意味する。

今では、飛行機で種をまいている粗放的なカリフォルニアの米単収が、一本ずつ田植えをし

図56　日本・中国・カリフォルニアの米単収推移（精米換算）

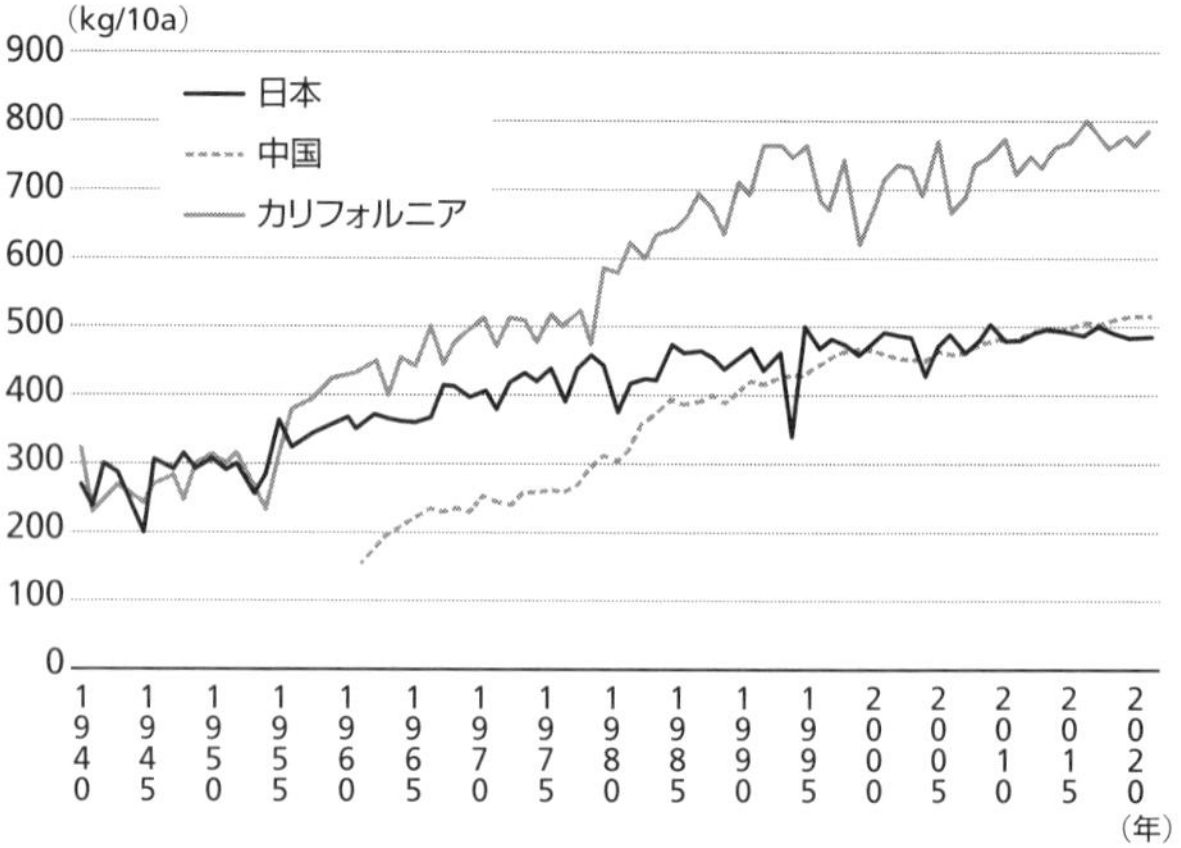

出所：FAOSTAT, USDA "Quick Stats", 農林水産省「作況調査」より筆者作成

ている日本米の1・6倍になっている。60年前には、日本の半分だった中国にも抜かれてしまった（図56）。減反を廃止して、単収をカリフォルニア米並みにすれば、コストは1・6分の1に、4割低下する。すでに、カリフォルニア米の単収を上回る品種が民間で開発され、一部の主業農家によって、栽培されている。しかし、農家に苗を供給するJA農協は、生産増加による米価低下を恐れて、このタネを採用しようとはしない。

水田の作付け可能な全面積を活用し、かつ単収の高い米を作付けすれば、米生産は現在の倍以上に拡大し、国内消費を上回る輸出を実現できる。

米価の低下で影響を受ける主業農家に限定して、EUが行う〝直接支払い〟をすれば、財政負担は１５００億円程度で済む。今の減反補助金３５００億円から財政負担は大幅に減少する。

　１万１０００円の輸出価格なら、今でも規模の大きな主業農家は直接支払いなしでも十分対応できる。さらに、規模拡大と単収向上の両方の効果で大幅なコストダウンが実現する。例えば、３〜５ha層が20〜30ha層へ、５〜７ha層が30ha以上層へ、それぞれ規模拡大すると２割、カリフォルニア米並みの単収実現で４割、合計では５割以上のコストダウンが実現できる。いずれ、この直接支払いも要らなくなる。

平時の輸出が備蓄の代わりになる

　平時には米を輸出し、小麦や牛肉を輸入する。食料危機によって輸入が途絶えたときには、輸出していた米を食べて、飢えをしのぐとともに、米輸出によって維持した農地資源を、カロリーの高いイモなどの生産に最大限活用しながら、国民生活に必要な量を確保するのである。

　平時の米輸出は、危機時のための米備蓄と農業資源の確保の役割を果たす。しかも、特別に倉庫料や金利などの金銭的な負担を必要としない備蓄である。むしろ輸出によって利益が出る。これまで行ってきた国内備蓄の財政負担を解消できる。これがどの国でも行っている食料安全保障である。平時の自由貿易が、危機時の食料安全保障の確保につながるのである。

　輸出市場として有望なのは中国である。米の市場規模は日本の20倍である。中国が三農問題

図57　中国の穀物生産者価格推移

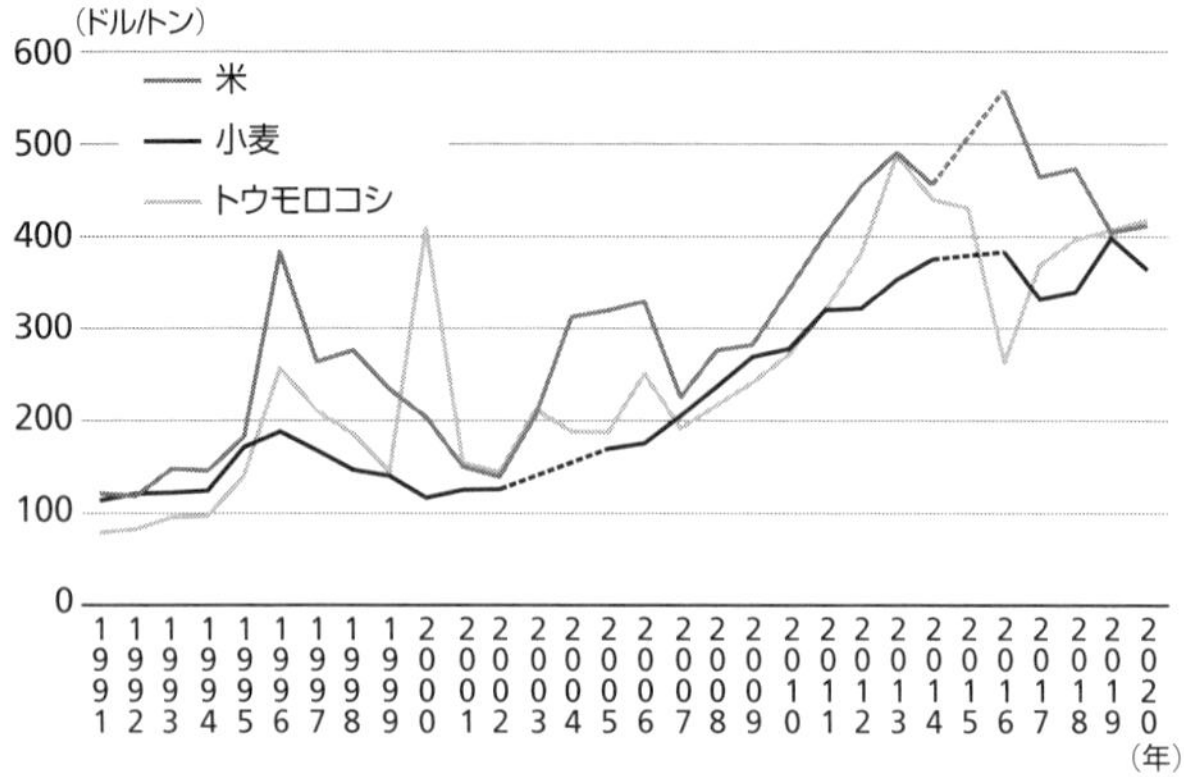

出所：FAOSTATより筆者作成
注：小麦に関しては2003、2004、2015、米については2015の各年のデータが欠落しているので前後の年の値を結んでいる。

といわれる都市と農村の大幅な所得格差を解消していくにつれ、中国農村部の労働コストは上昇し、農産物価格も上昇する。日本の農産物の価格競争力が増加するのである。図57が示すように、中国の穀物価格は、近年上昇している。

中国では、ジャポニカ米の消費はほとんどなかったのに、日本製の電気炊飯器が普及してから、これに向いているジャポニカ米の消費・生産はこの15年ほどの間に４割までシェアを増やしている。日本の米輸出にとって、中国は最も有望な市場である。日本の電気炊飯器の購入者には日本米を長期安定的に供給するというセット販売を行ってはどうか。中国国有企業が流通を独占し高額のマージンを徴収しているためであるが、日本では１kg当たり５００円で買える米が、中国では１７００円で売られていること

図58　米の輸出量

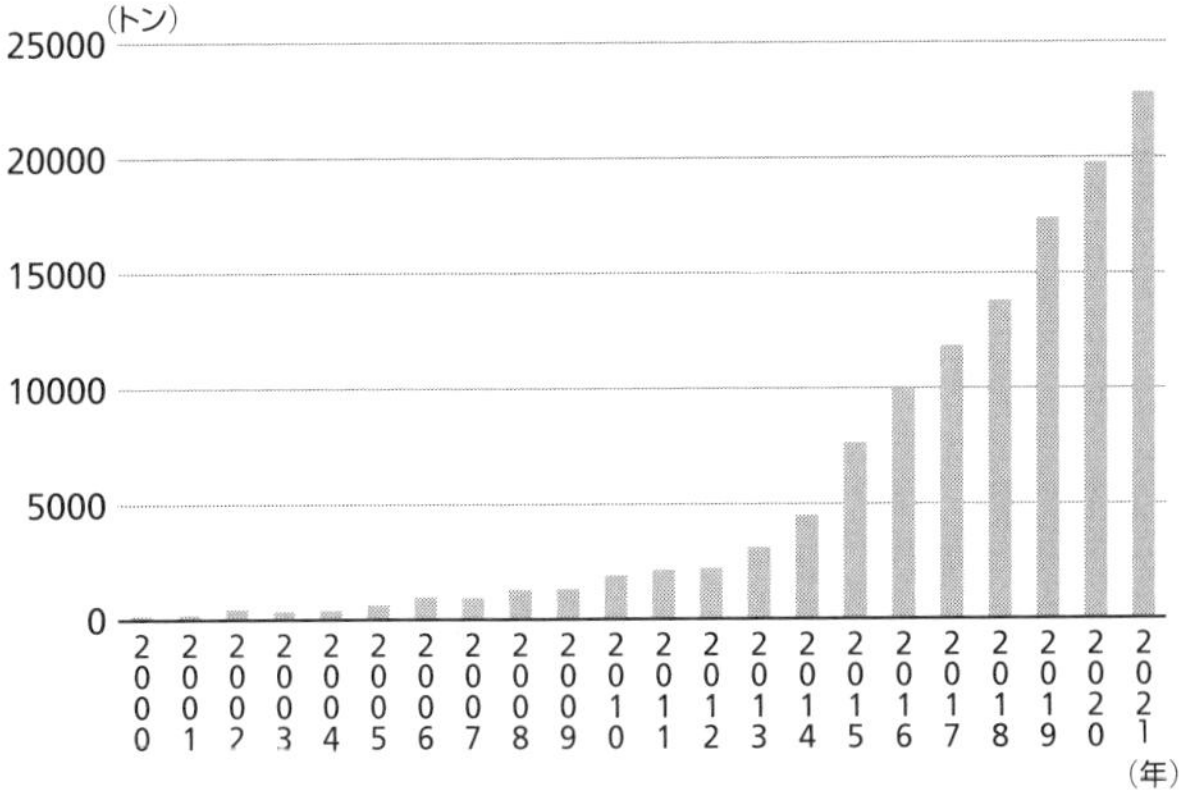

出所：農林水産省「農林水産物輸出入統計」より筆者作成
注：政府による食料援助を除いた商業用輸出に限定

は、高くても日本産を購入する消費者が存在することを示している。米の品評会で、日本産は最高レベルで評価されている。ネット販売で、１kg当たりの価格は、インディカ米３〜９元、ジャポニカ米５〜10元、中国産あきたこまち13〜15元、日本産１００元（1元＝17円）である（「農業経営者」２０２１年８月号、25ページ）。日本産は中国産の７倍から20倍の値段がついている。

量的にはまだ少ないが、台湾、香港などへの米輸出量は、順調に伸びている。

アメリカもＥＵも減反を廃止した。輸出するために米を増産する必要があるとすれば、減反は当然廃止となる。これまで国内市場しか見ない内向きの思考により、競争力強化とは逆方向の高価格維持政策を推進してきた。世界に冠たる品質の米が、減反廃止に加えて、生産性向上と直接支払いで価格競争力を持つようになると、鬼に金棒である。

輸出には価格安定効果もある。明治の中頃まで、米は主としてヨーロッパなどに輸出されていた。このため、国内米価は輸出価格以下には低下しなかった。これより下がると輸出が行われて国内供給量が減少し、国内価格は輸出価格まで上昇するからである。つまり輸出は国内米価の下支えの役割を果たしていたのである。

日本は農産物で積極的な貿易交渉を

これまで農政は防御的な貿易交渉に終始してきた。しかし、輸出を行うためには、相手国の国内価格から関税や輸送コスト等を差し引いた額よりも、自国の国内価格が低いことが必要条件となる。したがって、相手国に対して積極的に関税引き下げを求めていくことが重要になる。

さらに、関税引き下げだけではなく、非関税障壁も重要である。その代表的なものは、ＳＰＳ（動植物検疫）措置である。中国からはおびただしい量の食品・農産物が我が国へ輸入されているが、我が国から中国に輸出できる農産物は、米、リンゴ、ナシ、ミカン、茶（加工品）に限られており、他の野菜、果物、肉類等は輸出が禁止されている。

米についても、中国はカツオブシムシという害虫がいるという検疫上の理由で、日本産米の輸入を禁止した。２００７年４月に輸入を解禁したが、依然として中国が指定した施設で精米・燻蒸《くんじょう》を行うという厳しい検疫条件が要求されており、日本からの自由な輸出は認められていない。これはＳＰＳ協定違反の疑いのある非関税障壁である。

中国については、５３２万トンの関税割当て（関税率1%、ジャポニカ米、インディカ米が半々）の下で国家貿易企業が輸入しているが、２００１年から２０１０年までは50万トンに達しない年がほとんどだ。近年輸入量が大幅に増加しているが、２０２０年の輸入量は２９０万トンであり、大幅な枠の未消化がある。また、ＷＴＯへの加入の際の約束では、輸入枠の半分は民間企業で輸入することになっているが、輸入許可申請は国家貿易企業に限定している。さらに、関税等の上限を定めているガット第2条違反の疑いがある高額のマージンが徴収されている。

知的財産権の侵害では中国とは多くの問題を抱えているが、農業でもコシヒカリなど日本の品種名が中国で商標登録されているので、中国では使用できないという問題がある。２０２１年中国がＴＰＰ加入を申請した。以上の点を是正しなければ加入を認めない、加入後も是正措置が講じられない場合には中国に対する譲許（中国がＴＰＰから受ける利益）を停止するとすれば、中国の様々な行動を是正する大きなチャンスとなる。

ＴＰＰ加入交渉に限らず、あらゆる機会を利用すべきであるし、アメリカやオーストラリアなど中国市場に同様の輸出利益を持つ国との連携も検討すべきである。

なお、中国が米の検疫条件を緩和しない間は、米を加工した「パックご飯」を中国に輸出してはどうか。これだと中国は害虫を理由に輸入を制限できない。

今こそ食料有事法制を検討すべき

危機時の食料増産には、今の農業生産とは別の考慮が必要となる。現在の生産者は、石油なしの農業についての経験も技術もない。現在の形態の農業を保護するだけでは、食料危機時の生産に十分には役に立たないのかもしれない。

備蓄されている石油（２０２１年３月現在、日本の石油備蓄は民間備蓄を含め２４７日分）を、経済全体でどのように配分するか優先順位を予め決定しておく必要がある。国民生活上の優先順位をつけたうえで、各産業に割当てなければならない。

輸入途絶時に、国民に食料を供給するために最も必要なのは農地などの農業資源である。現在のような単収が期待できない以上、より多くの農地資源が必要である。終戦時、国民は小学校の運動場をイモ畑にして飢えをしのいだ。上野の不忍池《しのばずのいけ》は水田となった。しかし、現在の都市の小学校の運動場はアスファルトで覆われ、土壌の生物等もいない死んだ土地となっており、イモも植えられない状態である。他方で、高度成長期以来、日本は森林を切り開いて多くのゴルフ場を建設してきた。食料危機には、これを農地に転換するのである。

農地を確保するため、ゴルフ場、公園や小学校の運動場などを農地に転換しなければならない。どれだけの面積を確保する必要があるのか、大きなコストをかけないために、どこをどれだけ農地に転換していくのか、どのようにして土地の所有者や利用者の承諾を得るのかなど、危機が起きる前に真剣に検討しておくべきである。

また、生産要素として、機械、化学肥料、農薬が使えない以上、労働でこれらを代替しなければならない。田植え機が使用できないので、手植えになる。経験のない人が作物を栽培することは容易ではない。終戦時には1600万を超える農民がいた。今は249万人しかいないうえ、彼らは農業機械等を使えない農業を経験していない。国民皆農を視野に入れた教育も考えなければならない。このときに与えられた条件の下で単収を最大限にする農業技術を検討するとともに、これを実際に活用できるような教育も考えなければならない。食育については基本法が作られるなど真剣に取り組まれているが、農育については、どうか？

現在の農地と食料自給に必要な農地との差は600万haを超える。九州と四国を合わせた面積に相当する農地を作り出すには限界がある。仮に農地など農業資源を確保しても、平時のような生産は期待できない。さらに国土自体が戦場となる場合には、国内生産はいっそう深刻なダメージを受ける。これに対処するためには、平時における米の生産・輸出を、ここまで述べた以上に大幅に増やしておくしかない。また、コストの高い国産の小麦や大豆を生産するのではなく、小麦、大豆、トウモロコシ等を大量に輸入して備蓄しておく必要がある。とりわけタンパク質の供給源として大豆の備蓄は必須である。危機が去るまで、それをとり崩して生き延びるしかない。攻撃されても持ちこたえられるような保管施設も用意する必要がある。

　これまで農政は食料安全保障という概念を農業保護の方便として利用してきただけで、食料有事に備えた現実的・具体的な対策はほとんど検討していない。危機時に混乱が生じないように、マニュアルを詳細に決定し、それを国民に周知徹底する必要がある。

　農林水産省やＪＡ農協に農政を任せてしまった結果、日本の食料安全保障は危機的な状況になっている。台湾有事になると日本は食料から崩壊する。攻撃する側からすれば、シーレーンを破壊すれば、日本の戦闘能力を奪うことができてしまう。国民は食料政策を自らの手に取り戻すべきだ。

　すぐにでも行うべきことがある。戦前陸軍省が農林省の減反政策案を潰したように、主食の米を減産する減反は安全保障と相いれない。これまで減反で多くの水田を潰した。食料安全保障のためにも、米の減反をただちに廃止すべきである。

おわりに

私が１９７７年に農林省に入省し、農政に関わるようになってから45年が過ぎた。入省当時は、１９７０年に米の減反が始まって7年しか経っておらず、米の生産もピーク時の１４４５万トンから１００万トンくらい減少していただけだった。また、過剰となった米から小麦や大豆へ転作して食料自給率を上げるのだという大義名分もあった。

しかし、口には出さないが、減反・転作が後ろ向きの政策であることは、当時の農林省の職員にはわかっていた。国産麦の品質は悪く、製粉メーカーが引き取りたがらないことは、農林省・食糧庁の職員なら誰もが知っていた。他作物の収穫に専用機械の購入が必要なら、転作奨励金をもらっても赤字となってしまうので、補助金だけもらい、作付けしても収穫しない、〝捨て作り〟が横行する。私の上司の食糧庁部長は、「転作と言っても何を作ればよいのだ」と漏らしていた。

戦後の食料難時代から増産を要請しておいて、今度は減産を要求するのかという、農業者の批判があった。また、農林省もこれに負い目を感じていた。麦については、低麦価で〝安楽死政策〟を行っておいて、「なにをいまさら」という矛盾があった。大豆も同じだった。当時、農林省の政策は「猫の目農政」と言われた。

１９８０年頃でも米穀配給通帳を持って行かないと小売店から米を買えないとする食糧管理法（制度）は、制度としては完全に崩壊していた。永六輔氏から「米穀配給通帳を使いましょう」という運動を起こされていた。しかし、同法については、政治状況から法改正など考えられず、憲法と同様、不磨の大典と化していた。しかし、１９６９年の自主流通米制度の導入も、本来法改正で対応すべき抜本的な修正だったのに、政令改正で行うしかなかった。その食糧管理法を何とか持ちこたえさせるために、減反はやむを得ない必要悪だという意識があった。農林省幹部は、同省の最大組織である食糧庁を解体できないと思っていたはずだ。同省は、これに抵抗する全農林という強力な労働組合を抱えていた。本音では、減反などやりたくないが、食糧管理法や食糧庁を守るため、仕方がないと思っていたはずだ。当時は減反の是非が問題となるのではなく、食糧管理法に手を付けられないなら減反をやるしかなかった。

しかし、ガット・ウルグアイ・ラウンド交渉の結果、１９９５年に食糧管理法は廃止された。農林水産省職員としては、起こるはずがないと思われたことが起こった。減反は食糧管理法を守るためのものだったのに、食糧管理法がなくなったのだ。これで、減反自体の是非を問える状況が作られた。しかし、それから27年が経っても、減反は廃止されない。今から考えると、食糧管理法廃止は折り返し地点のようだ。本文で書いたように、これを境に減反に対するＪＡ農協の態度は１８０度変化した。

経済学を応用すれば、減反はやってはいけない政策だとわかる。減反を改善すべきだと言う農業経済学者はいる。しかし、不思議なことに、減反を廃止すべきだと主張する研究者は、私以外にあまりいないようだ。逆に、積極的に減反が必要だと言うと、研究者としての資質を疑われてしまう。黙っているのが得策だと考えているのだろう。これも研究者としての保身だろう。

２００８年に農林水産省を退職してから、私はより声を大にして減反廃止と主張するようになった。このとき私の食糧庁時代の上司で後に国会議員になった人は、「山下君、君は旗を立てたな」とほめてくれた。彼も減反は廃止しなければならないと思っていたはずだ。選挙に当選するためには、ＪＡ農協の支持が要るから言えなかっただけだ。

今の農林水産省職員は、どうなのだろうか。私の上司たちにとっては農林省に入省後、私にとっては青年期に、減反は始まったが、今の農林水産省職員にとっては、入省前というより、生まれる前から減反は存在していた。減反を廃止するなど考えられないのかもしれない。しかし、まともに政策論議を行えば、廃止すべきだという結論が出るはずだ。農地の流動化、米農業の構造改革、農村の活性化、通商交渉への対応など、農政の主要問題の根っこに高米価・減反政策がある。農林水産省はやたらと些末な事項を取り上げ「改革」を唱えるが、この根本問題に声を上げる人はいない。

私は、これ以上は生産しない方がよいという米の生産目標として、農林水産省が７００万トンを切る数字を提示したことに衝撃を受けた。これでは食料危機が起きるとほとんどの国民は餓死する。農林水産省は国民への食料供給という目的を放棄したというしかない。ＪＡ農協や農林族議員にしか目を向けられないというのでは、全体の奉仕者である国家公務員とはいえないし、国の組織ともいえないのではないだろうか？

農林省は、かつて柳田國男、石黒忠篤、和田博雄、小倉武一など官界を代表する人材を輩出した。石黒は、国民に食料を供給するからこそ「農は国の本なり」と言えるのだと主張する。その使命を忘れた省庁は解体するしかないのかもしれない。戦後の農地改革は、地主階級の利益を代弁していた保守党の中にあって、ただ一人の自作農主義者だった、松村謙三・農林大臣のイニシアティブがなければ実現できなかった。しかし、今の農林族議員は次の選挙で当選できるかどうかしか頭にない。松村謙三のような勇気と識見を兼ね備えた政治家はどこにもいない。

保身しか考えられない農林水産省職員や国会議員から減反廃止の提案が出てくることは期待できない。減反を廃止できるのは、国民しかいない。その国民は、いつ農政トライアングルが食料安全保障を損なってきたことに気づくのだろうか？　あと5年もすれば、米の生産量は600万トンを切るかもしれない。どこまで米の生産量が減れば、国民はおかしいと思うようになるのだろうか？　危機が起きてから気づくのでは遅すぎる。

２０２２年初夏

山下一仁

参考文献

荒幡克己『減反40年と日本の水田農業』農林統計出版、２０１４年
小倉武一『日本農業は活き残れるか』上、中、下　農山漁村文化協会、１９８７年
小倉武一『ある門外漢の新農政試論』食料・農業政策研究センター、１９９５年
岸康彦『食と農の戦後史』日本経済新聞社、１９９６年
後藤康夫『現代農政の証言』農林統計協会、２００６年
佐伯尚美『農業経済学講義』東京大学出版会、１９８９年
庄司俊作『近現代日本の農村』吉川弘文館、２００３年
菅正治『平成農政の真実　キーマンが語る』筑波書房、２０２０年
瀧澤弘和、山下一仁他『経済政策論　日本と世界が直面する諸課題』慶應義塾大学出版会、２０１６年
坪田邦夫「ＰＳＥ指標から見た主要国農業政策の動向」『農業研究』第33号、日本農業研究所、２０２０年
暉峻衆三編『日本の農業１５０年』有斐閣、２００３年
傳田功『近代日本農政思想の研究』未来社、１９６９年
東畑四郎・松浦龍雄『昭和農政談』家の光協会、１９８０年
東畑精一『日本農業の展開過程』東洋出版社、１９３６年
日本農業研究所編纂『農林水産省百年史』上、中、下　１９７９、１９８０、１９８１年
日本農業年報第２２集『農協25年――総括と展望』御茶の水書房、１９７３年

日本農業年報第３６集『農協40年――期待と現実』御茶の水書房、１９８９年
柳田國男「中農養成策」柳田國男全集29　ちくま文庫所収、１９０４年
柳田國男「時代ト農政」定本柳田國男集16　筑摩書房所収、１９１０年
山下一仁『詳解　ＷＴＯと農政改革』食料・農業政策研究センター、２０００年
山下一仁『国民と消費者重視の農政改革』東洋経済新報社、２００４年
山下一仁『農協の大罪』宝島社新書、２００９年
山下一仁『フードセキュリティ』日本評論社、２００９年
山下一仁『農業ビッグバンの経済学』日本経済新聞出版社、２０１０年
山下一仁『日本の農業を破壊したのは誰か「農業立国」に舵を切れ』講談社、２０１３年
山下一仁『農協解体』宝島社、２０１４年
山下一仁『日本農業は世界に勝てる』日本経済新聞出版社、２０１５年
山下一仁『ＴＰＰが日本農業を強くする』日本経済新聞出版社、２０１６年
山下一仁『いま蘇る柳田國男の農政改革』新潮選書、２０１８年
山下一仁『国民のための「食と農」の授業』日本経済新聞出版、２０２２年
OECD “Multifunctionality：Towards an Analytical Framework”, 2001
OECD “Agricultural Policies in OECD Countries：A Positive Reform Agenda”, 2002
OECD “Multifunctionality：The Policy Implications”, 2003

著者略歴

山下一仁《やましたかずひと》

一九五五年岡山県生まれ。七七年東京大学法学部卒業後、農林省入省。八二年ミシガン大学にて応用経済学修士、行政学修士。二〇〇五年東京大学にて農学博士。農林水産省ガット室長、欧州連合日本政府代表部参事官、農林水産省地域振興課長、農村振興局整備部長、同局次長などを歴任。〇八年農林水産省退職。同年経済産業研究所上席研究員。一〇年キヤノングローバル戦略研究所研究主幹。二〇年東京大学公共政策大学院客員教授。

『バターが買えない不都合な真実』（幻冬舎新書）、『農協の大罪』（宝島社新書）、『農業ビッグバンの経済学』『国民のための「食と農」の授業』（ともに日本経済新聞出版社）、『「亡国農政」の終焉』（ベスト新書）など著書多数。

幻冬舎新書 660

日本が飢える！

世界食料危機の真実

二〇二二年七月二十五日　第一刷発行
二〇二三年四月　二十　日　第二刷発行

著者　山下一仁
発行人　見城　徹
編集人　小木田順子
編集者　竹村優子
発行所　株式会社　幻冬舎
〒一五一-〇〇五一　東京都渋谷区千駄ヶ谷四-九-七
電話　〇三-五四一一-六二一一（編集）
〇三-五四一一-六二二二（営業）
公式HP　https://www.gentosha.co.jp/
ブックデザイン　鈴木成一デザイン室
印刷・製本所　株式会社　光邦

Printed in Japan　ISBN978-4-344-98662-6 C0295
や-13-2

＊この本に関するご意見・ご感想は、左記アンケートフォームからお寄せください。
https://www.gentosha.co.jp/e/

幻冬舎新書

橋本淳司

日本の地下水が危ない

外国資本による日本の森林買収が増え、多くの自治体が「狙いは水資源か」と警戒。ペットボトル水需要の急増、森林・水田の荒廃など、国内事情も深刻化。日本の地下水の危機的現状を緊急レポート。

福山隆　宮本一路

ロシア・中国・北朝鮮が攻めてくる日

ロシアのウクライナ侵攻で、一気に緊迫した国際情勢。なかでも脅威が高まっているのはロシア・中国・北朝鮮に囲まれた日本だ。日本は国土と国民を守れるのか。２０１２年刊行の話題作に大幅加筆した緊急提言。

佐伯啓思

さらば、欲望

資本主義の隘路《あいろ》をどう脱出するか

グローバリズムの矛盾が露呈し、新型コロナに襲われ、ついにはプーチンによる戦争が始まった。何がこの悪夢のような世界を生み出したのか？　稀代の思想家が欲望と資本主義を問い直す現代文明論。

中村淳彦

パパ活女子

女性がデートの見返りにお金を援助してくれる男性を探す「パパ活」。ここにコロナ禍で困窮した女性たちが一気になだれ込んだ。拡大する格差に劣化する性愛、日本のいびつな現実を活写する。

幻冬舎新書

佐藤大介

ルポ 死刑
法務省がひた隠す極刑のリアル

密行主義に貫かれる日本の死刑制度。嫌がる囚人をどうやって刑場に連行する？　執行後の体を抱いて揺れを止める刑務官の思いとは？　死刑囚、教誨師、元法相らの肉声で死刑制度の全貌に迫る。

國分功一郎　千葉雅也

言語が消滅する前に

いま〈言語を使う存在〉という人間の定義は有効性を失い、我々は「人間らしさ」を喪失しつつある――言葉の弱体化、情動・ポピュリズム・エビデンス中心主義の台頭等、気鋭の哲学者が現代の危機の核心に迫る。

倉垣弘志

薬物売人

田代まさし氏への覚醒剤譲渡で２０１０年に逮捕された著者は、あらゆる違法薬物を売り捌いていた。自らも依存症だった元売人が明かす、薬物売買の内幕。逮捕から更生までを赤裸々に描く。

手塚マキ

新宿・歌舞伎町
人はなぜ〈夜の街〉を求めるのか

アジア最大の歓楽街、歌舞伎町。コロナ禍で攻撃されたが、この街ほど懐の深い場所はない。カリスマホスト、経営者として23年間歌舞伎町で生きる著者が〈人間をすべて飲み込む街〉を描く。